JIANYING HOU DINGBAN JIBO

Xiabaohuceng Fangtu Yu Meiceng Juejin Wasi Yalichang Shice Yanjiu

坚硬厚顶板极薄

下保护层防突与煤层掘进瓦斯压力场实测研究

成恒棠 俞启香 郑国宝 编著

中国矿业大学出版社

China University of Mining and Technology Press

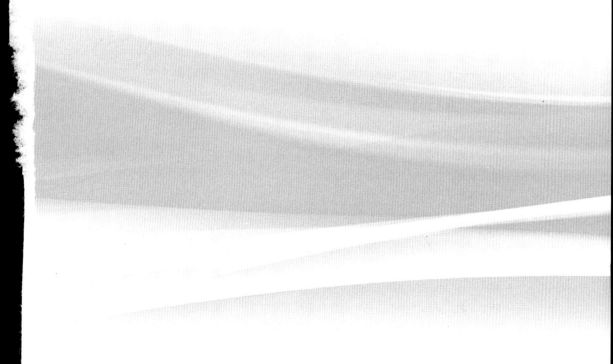

内 容 简 介

　　全书共三部分内容,第一部分论述了下保护层开采考察方案设计,一₇保护层采动卸压效应,保护层卸压瓦斯抽采及其抽采卸压瓦斯的作用,保护作用机理,二₁煤层保护效果检验等。第二部分论述了煤巷掘进工作面瓦斯压力场分布实测,对石门揭煤震动爆破后煤体的应力变形和瓦斯压力场的变化进行分析,阐述了瓦斯压力场与地应力场的关系,地应力场和瓦斯压力场分布对瓦斯突出的作用。第三部分收录了金岭煤矿瓦斯治理技术规范、保护层开采、卸压瓦斯抽采技术管理等相关内容。

　　本书可作为采矿工程、地质工程、安全工程、岩石力学领域的高等院校及科研院所、设计与生产单位的工程技术人员参考资料,也可作为矿业工程学科研究生的参考学习用书。

图书在版编目(C I P)数据

　　坚硬厚顶板极薄下保护层防突与煤层掘进瓦斯压力场实测研究/成恒棠,俞启香,郑国宝编著. —徐州:中国矿业大学出版社,2018.7

　　ISBN 978 - 7 - 5646 - 4060 - 6

　　Ⅰ. ①坚… Ⅱ. ①成… ②俞… ③郑… Ⅲ. ①坚硬顶板－瓦斯突出－防突措施－研究②瓦斯煤层－巷道掘进－压力场－研究 Ⅳ. ①TD713②TD263.4

　　中国版本图书馆 CIP 数据核字(2018)第 161945 号

书　　名	坚硬厚顶板极薄下保护层防突与煤层掘进瓦斯压力场实测研究
编　　著	成恒棠　俞启香　郑国宝
责任编辑	黄本斌
出版发行	中国矿业大学出版社有限责任公司
	(江苏省徐州市解放南路　邮编221008)
营销热线	(0516)83885307　83884995
出版服务	(0516)83885767　83884920
网　　址	http://www.cumtp.com　E-mail:cumtpvip@cumtp.com
印　　刷	徐州市今日彩色印刷有限公司
开　　本	787×1092　1/16　**印张** 8.25　**字数** 160 千字
版次印次	2018 年 7 月第 1 版　2018 年 7 月第 1 次印刷
定　　价	30.00 元

　　(图书出现印装质量问题,本社负责调换)

编　委　会

主　任：袁占国

委　员：袁占欣　郑光辉　俞启香　成恒棠
　　　　刘海旺　郑国宝　郑建华　李宏发
　　　　周铁弓　崔建峰　李炎坤

编　著：成恒棠　俞启香　郑国宝

编　审：林柏泉

前　言

　　郑州市磴槽集团有限公司下属金岭煤矿、磴槽煤矿开采的主采煤层向深部延深后，煤层煤与瓦斯突出严重地威胁矿井安全。2002 年 8 月起，中国矿业大学与郑州市磴槽集团有限公司金岭煤矿合作，共同进行"坚硬厚顶板极薄煤层下保护层开采防突技术的研究"，项目取得了丰富的突破性成果。验证了坚硬厚顶板极薄下保护层的开采条件能够取得对二₁突出煤层的良好保护效果，使突出煤层全面消除了瓦斯突出危险。也与磴槽煤矿合作，对煤巷掘进工作面瓦斯压力场分布开展实测研究，在煤巷掘进与石门揭煤防突理论与技术方面获得了原始性创新成果。

　　本书在金岭煤矿一₇保护层开采试验取得成功的基础上，结合科技工作者和矿井有关人员的研究工作，系统地总结了下保护层开采技术和全面地阐述了坚硬厚顶板极薄下保护层开采的理论与技术。磴槽煤矿通过煤巷掘进工作面瓦斯压力场分布实测研究工作，系统地阐述了煤巷掘进工作面瓦斯压力场与地应力场的关系和瓦斯压力场分布规律。

　　全书共三部分内容：第一部分论述了下保护层开采考察方案设计，一₇保护层采动卸压效应，保护层卸压瓦斯抽采及其抽采卸压瓦斯的作用，保护作用机理，二₁煤层保护效果检验等；第二部分论述了煤巷掘进工作面瓦斯压力场分布实测，对石门揭煤震动爆破后煤体的应力变形和瓦斯压力场的变化进行分析，阐述了瓦斯压力场与地应力场的关系，地应力场和瓦斯压力场分布对瓦斯突出的作用；第三部分收录了金岭煤矿瓦斯治理技术规范、保护层开采、卸压瓦斯抽采技术管理等相关内容。

　　本书在编写过程中，得到了中国矿业大学林柏泉教授的精心审核和热情帮助，得到了郑州市磴槽集团有限公司主要领导的热情帮助和大力支持，在此表示衷心感谢。书中不当之处和错误，敬请读者批评指正。

作者

2018 年 3 月

目　　录

第一章　坚硬厚顶板极薄
下保护层防突

第一节　矿井概况

金岭煤矿隶属于郑州市磴槽集团有限公司,于 2000 年 4 月建矿,矿井井田为马岭山煤田,位于登封市颍阳镇李家沟至三过窑一带,一₇煤层下保护层开采是在金岭煤矿进行试验研究。

一、矿井地层及煤层

金岭煤矿区内地层自老而新有:寒武系、石炭系、二叠系、三叠系和第四系。石炭系和二叠系为主要含煤地层。本井田整体为一单斜构造,地质构造简单,走向近东西,倾向北。煤层倾角 28°～30°。

该区内含煤地层为石炭系太原组、二叠系山西组和上、下石盒子组。总厚度 641.4 m,共含 9 个煤组,计 43 层,其中一₇煤层和二₁煤层全区基本可采,其他煤层均不可采。

煤系地层综合柱状图如图 1-1 所示。

二、矿井煤层

一₇煤层为本井田不稳定薄煤层,位于石炭系太原组上部,煤厚 0.29～0.8 m,平均厚 0.5 m。煤层直接顶板为 L₇石灰岩,全厚 7～7.5 m,煤层直接底为深

地层	岩层名称	分层厚度/m	柱状 1:250	岩性描述
二叠系山西组	二₁煤层	0.18~9.44 4.65~5.0		黑色粉状、鳞片状、似金属光泽、半亮型为主煤种、贫煤
	细、中粒石英砂岩	5.0		灰白色厚层状、细中粒石英砂岩、顶部水平层理条状石英砂岩、中细粒含黄铁结核
石炭系	粉砂岩、泥岩薄层	4.5~5.0		灰色粉砂岩及泥岩互层、隔水层
	灰岩	1.2		薄层石灰岩
	泥岩	2.0		深灰色泥岩、中央煤线0.1 m、下含菱铁
	石灰岩 L₇	7.0~7.5		深灰色厚层状、含黄铁矿结核、小断层裂隙发育、有少量裂隙水、稳定
	一₇煤层	0.29~0.8		黑色块状、性硬、低灰、高硫、高发热量的无烟煤
	泥砂岩	1.5~1.6		灰色泥岩
	泥岩	5.7~6.0		灰黑色泥岩、坚硬厚层状、中夹一₆煤0.3~0.1 m
	砂岩	5.0		中粒石英砂岩
	泥岩	4.0		灰色泥岩中夹一₅煤0.2 m
	砂质泥岩	2.8		细砂岩、泥岩互层
	砂岩	2.0		中粒砂岩、夹一₄煤0.7~0.8 m中夹矸
	灰岩	0.8		L₄灰岩
	泥岩	1.2		灰黑色砂质泥岩、薄层状
	灰岩	1.0		L₃灰岩，一₃煤层
	泥岩	1.2		灰黑色砂质泥岩、薄层状
	灰岩	1.6 0.35		L₂灰岩，一₂煤层
	灰岩	1.2		L₁灰岩
	砂岩	1.2		细砂岩、夹煤线一₁煤层
	铝土岩 铝土泥岩	8.79		上部为灰白色铝土岩、光滑细腻，下部为紫红色及砖灰色铝土泥岩
寒武系	寒武系灰岩	212.42		含水层

图 1-1　煤系地层综合柱状图

灰色细砂岩。

　　二₁煤层为本井田主采煤层，位于二叠系山西组下部，煤厚 0.18~9.44 m，平均厚度 4.34 m，煤层标高为 +500~−600 m，煤层埋深 30~1 300 m。煤层直接顶板以泥岩、砂质泥岩为主,直接底板为泥岩、砂质泥岩及碳质泥岩。

一₇煤层与二₁煤层的垂直层间距为 21.53 m。

一₇煤层的煤质为低中灰、高硫、低磷、高发热量的无烟煤,煤层呈黑色、块状、强度较高,属高强度煤。二₁煤层的煤质为低中灰、低中硫、低磷、中高发热量的贫煤,煤层呈黑色,多呈粉状与鳞片状,偶见小碎块状,以糜棱煤为主,碎粒煤次之的构造煤,煤的坚固性系数 f 值为 0.12～0.28,属低～特低强度易碎煤。

三、井田开拓与采煤方法

(1) 井田地质储量 34.84 Mt,矿井可采储量为 26.2 Mt。

矿井生产能力为 0.8 Mt/a。按矿井可采储量 25.6 Mt 计算,矿井服务年限为 32 a。

(2) 井田开拓方式为斜井开拓,以 4 条斜井开拓全井井田。4 条斜井处于井田中央,分成东西翼,分阶段开拓底板岩石运输大巷和通风大巷,这些大巷可供二₁煤层、一₇煤层开采时运输与通风用。4 条斜井为主斜井、1# 副斜井、2# 副斜井和专用回风井,如图 1-2 所示。二₁煤层采用走向长壁采煤方法,全部垮落法管理顶板。

一₇煤层采用长壁采煤方法,炮采,缓慢下沉法管理顶板,使用单体液压支柱。

四、矿井通风和矿井瓦斯

1. 矿井通风方式

矿井通风方式为抽出式,通风系统为中央并列式,由主斜井、1# 副斜井、2# 副斜井进风,专用回风井回风,矿井主通风机为防爆型对旋轴流式通风机,型号为 FBCDZ-№28,电动机功率 2×355 kW,转速 740 r/min。矿井总回风量 145 m³/s,风压 1 300～1 400 Pa。

2. 矿井瓦斯

根据井田地质报告,二₁煤层无瓦斯风化带,瓦斯组分中甲烷占 81.53％～99.82％。

23 个地勘钻孔瓦斯含量的测定结果如下:

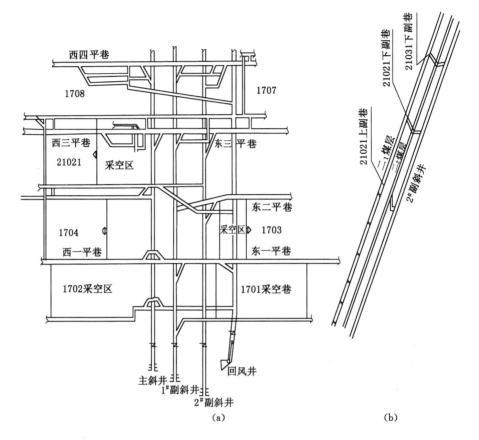

图 1-2　金岭煤矿开拓井巷布置示意图

(a) 主要井巷布置;(b) 2# 副斜井布置

(1) 标高:＋312～＋250 m 水平,二₁煤层瓦斯含量 5.29～11.22 m³/t,＋250～＋150 m 水平二₁煤层瓦斯含量 10.5～13 m³/t;二₁煤层瓦斯含量在走向(东西)上变化不大,在倾向(南北)上随着埋藏深度的增加而增大。据地质报告,预计二₁煤层－50 m 标高以下,相对瓦斯涌出量为 12.75～46.88 m³/t,平均为 25.69 m³/t。

(2) 二₁煤层瓦斯放散初速度 $\Delta p = 19.5$,二₁煤层坚固性系数 $f = 0.12 \sim 0.28$。

(3) 2005 年 9 月矿井绝对瓦斯涌出量 24.07 m³/min,相对瓦斯涌出量 11.93 m³/t。

（4）采掘工作面瓦斯涌出量：

① 21021 工作面（＋244.7～＋315 m 标高）绝对瓦斯涌出量 4.25 m³/min，相对瓦斯涌出量 5.5 m³/t；

② 21021 工作面下平巷掘进（＋245 m 标高）绝对瓦斯涌出量 1.45 m³/min，最高达 2.3～2.6 m³/min。

（5）实测二₁煤层瓦斯压力 1.29～1.74 MPa，瓦斯含量 12.59～15.10 m³/t，一₇煤层少含瓦斯，属低瓦斯涌出煤层。

金岭煤矿邻近的东风煤矿、友谊煤矿，开采二₁煤层＋250 m 水平时的相对瓦斯涌出量 13～17 m³/t；东风煤矿二₁煤层采掘时发生过动力现象，友谊煤矿煤巷掘进时发生过煤与瓦斯突出。

第二节 一₇煤层保护层开采概述

一、简述

金岭煤矿主采二₁煤层，在采掘＋160 m 水平时已发生瓦斯动力现象和煤与瓦斯突出，确定二₁煤层为煤与瓦斯突出煤层，二₁煤层始突标高＋160 m，在标高＋181 m 水平垂深 387 m，实测煤层瓦斯压力 1.29 MPa；在标高＋200 m 水平垂深 415 m，实测煤层瓦斯压力 1.74 MPa。金岭煤矿为煤与瓦斯突出矿井。

金岭煤矿最初实施了本煤层瓦斯抽采的区域防突措施，由于二₁煤层结构破碎，煤的坚固性系数 0.12～0.28，为低强度结构煤，煤层的透气性系数 $\lambda=0.014\,40\ m^2/(MPa^2 \cdot d)$，较难进行煤层瓦斯抽采，防突效果很差，难以达到防止煤与瓦斯突出的区域防突目的，煤层瓦斯突出危险性依然威胁着矿井的安全生产。因此，进行开采保护层的试验研究是很必要的。

开采保护层是国内外瓦斯突出矿井采用的主要区域防突措施。国内外的资料证实，开采保护层后，被保护层的应力变形，煤层结构和瓦斯动力参数、瓦斯压力、瓦斯含量、煤层透气性系数等参数都会产生较大的变化，从而降低或消除突出煤层的突出危险性，并降低采掘时的瓦斯涌出量，显著提高矿井的开采效率和保证矿井的人身安全。

实践证实,开采保护层是最有效、最经济、最简便的区域防突措施。

我国从 1958 年进行保护层开采试验以来,有条件的煤与瓦斯突出矿井都优先采用开采保护层区域防突措施。金岭煤矿具备开采保护层的条件,一₇煤层属低瓦斯含量煤层,无瓦斯突出危险性,二₁煤层与一₇煤层层间垂直距离 21.53 m。一₇煤层可作二₁煤层的中距离下保护层。

一₇煤层厚度 0.29～0.80 m,平均厚度 0.5 m,煤层倾角 30°,为极薄倾斜煤层;煤层顶板有一层 7～7.5 m 的坚硬石灰岩。我国采用下保护层的矿井有松藻一井、谢一矿等矿井,开采下保护层防治煤与瓦斯突出已有近 60 年历史。与金岭煤矿采矿地质条件类似且开采保护层的国内外矿井见表 1-1。

表 1-1   **国内外开采保护层矿井采矿条件简表**

矿名	开采深度/m	保护层						被保护层		
		名称	位置	倾角/(°)	采高/m	工作面长/m	顶板岩性	名称	厚度/m	层间垂距/m
松藻一井	250	10	下	30	0.5	60	灰岩、页岩	8	2	21
谢一矿	570	B10	下	26	0.9	220	页岩、砂岩	B11b	3.8	21
金岭煤矿	420	一₇	下	30	0.5	150	坚硬厚层灰岩、泥岩、粉砂岩	二₁	3～7	20
磴槽煤矿	510	一₃	下	30	0.7～1.13	120		二₁	4～6	52
新丰煤矿	520	一₅	下	30	0.9～1	140		二₁	3～5	34
鸡西滴道河煤矿四井	500	19	下	24	1.3	80	砂岩	20	—	17
南桐煤矿一井	300	5	下	30	0.85	60	粉砂、砂岩	4	2.4	22
沃尔库金斯卡亚(苏)	550	4	下	19	1.46	180	泥岩、粉砂岩	3	2.8	20

二、金岭煤矿与国内外其他开采下保护层煤矿的比较

(1) 金岭煤矿、新丰煤矿、谢一矿、松藻一井、南桐煤矿一井、苏联沃尔库金斯卡亚矿井保护层与被保护层层间垂距均在 10～50 m 之间,属中距离保护层,只有磴槽煤矿层间垂距大于 50 m,属远距离保护层。

（2）金岭煤矿与松藻一井保护层平均采厚都为 0.5 m，属极薄煤层，较其他矿井采厚薄，松藻一井层间无厚层石灰岩硬岩层。

（3）金岭煤矿层间灰岩厚度 7～7.5 m，为厚层坚硬顶板。新丰煤矿一$_5$煤层与二$_1$煤层层间灰岩厚度 8～9.35 m，磴槽煤矿一$_3$煤层与二$_1$煤层层间灰岩 14～15.15 m。

（4）一$_7$煤层、一$_3$煤层与二$_1$煤层层间都有厚层的坚硬石灰岩层，一$_7$煤层较一$_5$煤层、一$_3$煤层厚度薄。

以上条件可认为一$_7$煤层保护层的保护范围和保护效果对我国类似条件开采下保护层的区域防突措施及金岭煤矿深部开采保护层具有重要借鉴价值。

第三节　一$_7$煤层保护层保护效果考察

一、一$_7$煤层保护层工作面布置及保护范围

（一）保护层工作面布置

煤层群开采利用一$_7$煤层底板三、四岩石平巷进行运输和回风，参见图 1-3和图 1-4。该岩巷与一$_7$煤层之间垂直距离 8 m。三、四集中平巷与一$_7$煤层以开拓运输石门和回风石门相连接。一$_7$煤层采煤工作面采落的煤由下运输巷运至运输石门到运输集中岩巷，工作面回风由回风石门回到回风集中岩巷。被保护层二$_1$煤层按照一$_7$煤层保护层开采后的卸压角布置二$_1$煤层工作面的上回风巷和下运输巷。

一$_7$下保护层开采试验是在第四岩石平巷即＋150 m 水平进行的，试采工作面布置在该水平的东翼和西翼，东翼为 1707 工作面试验区，西翼为 1708 工作面试验区。在试验区布置考察巷，考察钻场兼作抽采巷。在试验区内一$_7$煤层与二$_1$煤层层间垂距 21.53 m。一$_7$煤层厚 0.5 m，直接顶为 7～7.5 厚层坚硬石灰岩，底板为泥岩、粉砂岩，煤层倾角 30°左右。被保护层二$_1$煤层平均厚 5 m，直接顶为砂岩、砂质泥岩。1707 试验区因断层影响走向长约 130 m，保护层一$_7$煤层工作面长约 130 m。1708 试验区走向长约 600 m，保护层一$_7$煤层工作面长约110 m。

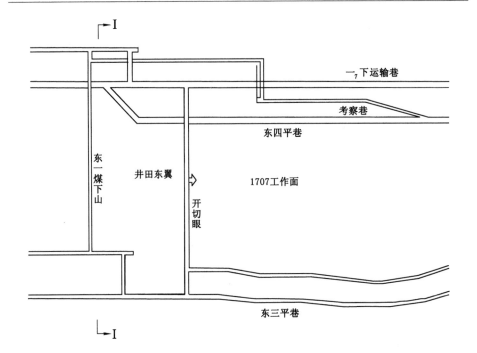

图 1-3　东翼试验区布置图

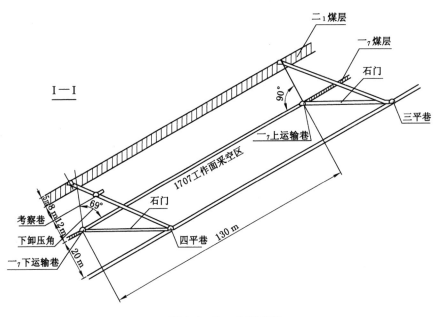

图 1-4　Ⅰ—Ⅰ剖面图

（二）保护范围

保护范围是保护层开采后，在保护层周围煤岩层产生采动影响，在该采动影响范围内被保护层的应力变形和瓦斯压力、瓦斯含量等瓦斯动力参数发生重大变化，使突出危险煤层在空间上完全丧失突出危险的有效范围。保护范围的内容包括：层间保护范围，倾斜方向的保护范围，沿走向方向的保护范围（即走向的最小超前距离）。开采一₇煤层保护层后，保护范围应根据矿井实测资料确定，对尚未获得实测资料的矿井按照《防治煤与瓦斯突出规定》第四十八条的规定，参照以下数据确定。

1. 保护层与被保护层的层间保护范围

（1）保护层保护作用的有效最大层间保护垂距

保护层开采后，保护作用的有效最大层间保护垂距，取决于卸压程度的大小。保护层开采后其周围岩层和煤层向采空区方向移动和变形，在垂直层面方向上形成三个带：即垮落带或缓慢下降带，移动带（岩石完整性破坏带），岩层弯曲带。当瓦斯抽采后，有效层间垂距可扩大。

根据一₇煤层保护层 1707、1708 试验区的工作面长度 130 m、110 m 和开采深度 420 m，计算确定层间最大保护垂距，计算公式如下：

$$S = S'\beta_1\beta_2$$

式中 S'——下保护层的理论最大保护垂距，m；

　　β_1——保护层开采的影响系数，当 $M > M_0$ 时，$\beta_1 = 1$；

　　M_0——保护层的最小有效厚度，$M_0 = 0.42$ m；

　　M——保护层的开采厚度，m；

　　β_2——层间硬岩（砂岩、石灰岩）含量系数，一₇保护层石灰岩占有层间岩石的百分比 $\eta = 35.7\%$，$\eta < 50\%$，$\beta_2 = 1$。

$$S = 145 \times 1 \times 1 = 145 (\text{m})$$

经计算一₇煤层保护层保护作用的最大有效层间垂距为 145 m。

当经过初步计算后还需进行实际考察，应根据考察结果确定。

（2）开采一₇煤层保护层不破坏上部被保护层的最小层间垂距由以下计算确定：

当煤层倾角 $\alpha < 60°$ 时：

$$H = kM\cos\alpha$$

式中　H——允许开采的最小层间距，m；

　　　M——保护层的开采厚度，m；

　　　α——煤层倾角，(°)；

　　　k——与顶板管理方法有关的系数，垮落法顶板管理时，$k=10$。

则

$$H=10\times0.5\times\cos28°=4.18(\text{m})$$

按照以上计算，开采一$_7$煤层保护层时，其最小层间垂距为 4.81 m，实际层间垂距为 $h=21.53$ m，所以开采一$_7$煤层保护层时，被保护层二$_1$煤层不会被破坏。对此，一$_7$煤层具备开采保护层条件。

2. 倾斜方向的保护范围

一$_7$下保护层开采时，被保护层二$_1$煤层沿倾斜方向的保护范围按卸压角划定，卸压角的大小与煤层倾角和层间岩石力学的性质等因素相关，但主要取决于煤层倾角。

在被保护层中，沿倾斜的保护范围，可采用以下公式计算：

$$\delta_1=180°-(\alpha+q_0+10°)$$
$$\delta_2=\alpha+q_0-10°$$

式中　δ_1,δ_2——开采下保护层时的下部和上部卸压角，(°)；

　　　α——煤层倾角，取 30°；

　　　q_0——最大下沉角，(°)。

$$q_0=90°-0.68\alpha=90°-0.68\times30°=69.6°$$

当 $\alpha<70°$ 时：

$$\delta_1=180°-(30°+69.60°+10°)=70.40°$$
$$\delta_2=30°+69.6°-10°=89.60°$$

经计算一$_7$煤层保护层下部卸压角为 70.40°，上部卸压角为 89.60°。

3. 沿走向方向的保护范围

当一$_7$煤层保护层开采到一定距离时，在层间垂距 21.53 m 条件下，被保护层产生了最大膨胀变形，并以此确定保护层采煤工作面沿走向超前于被保护层掘进工作面的最小超前距离。同时，以保护层采煤工作面沿走向的超前距离与层间垂距的比值确定开采保护层时被保护层最大膨胀变形点及最大瓦斯流量点沿走向的分布规律。

4. 保护层始采线、采止线的保护范围

一₇煤层保护层开切眼开采后，或采止线的保护范围测定是在考察巷（抽采巷）中打钻测定二₁煤层被保护层瓦斯压力或钻孔瓦斯涌出初速度、钻孔瓦斯解吸等预测指标，在临界值以下时，该范围为保护范围。

5. 一₇煤层保护层保护效果考察

一₇煤层的开采条件较全国开采下保护层的矿井条件差。保护层开采的保护作用是卸压和排放瓦斯降低煤层瓦斯内能的综合作用，保护层开采后产生了层间岩层和煤层的移动变形，其卸压作用是引起煤层膨胀变形、透气性系数和瓦斯排放量增高、瓦斯压力降低等因素的变化，因此卸压是首要的决定性作用。

然而一₇煤层极薄，层间有很厚的石灰岩坚硬层，这是决定二₁突出煤层卸压效果和保护效果的主要因素。按照《煤矿安全规程》第一百八十九条规定，金岭煤矿一₇煤层保护层的开采条件在首次开采试验时，必须进行保护效果和保护范围的实际考察。

二、一₇煤层保护层考察方案设计

（一）考察内容

（1）考察开采一₇煤层对二₁煤层的开切线与采止线的走向保护边界。

（2）考察一₇煤层对二₁煤层倾斜方向下保护边界。

（3）考察开采一₇煤层工作面推进时，二₁煤层瓦斯压力、透气性系数、煤层变形、抽采瓦斯流量的变化规律。

（4）考察二₁煤层原始瓦斯压力、瓦斯含量、残余瓦斯压力、残余瓦斯含量、抽采率等参数。

（5）考察采煤工作面上、下巷穿层钻孔抽采参数（抽采流量、单孔抽采量）。

（6）考察一₇煤层对二₁煤层保护效果（消除突出危险）。

（二）考察方案

1. 走向保护边界考察

在距一₇煤层顶板上 12 m 即距二₁煤层底板 8 m 处设置一考察巷，内设钻场，钻场间距 10 m，考察孔水平倾角见表 1-2 和表 1-3。

表 1-2　　　　　　1708 工作面考察钻场与钻孔参数表

钻场编号	钻场间距/m	钻孔考察项目	考察孔参数		考察范围	钻孔孔底间距/m	钻孔与钻场夹角/(°)	备注
			一$_7$下运输巷卸压角/(°)	考察孔水平倾角/(°)				
1#	10	p_1	1.4	60(N)		5	90	测原始瓦斯压力
2#	10	p_2	1.08～1.14	60(N)		5	90	同上
3#	10	$p_{3.1}$	69	67(S)	倾斜走向	5	90	处于一$_7$煤层切眼位置
		$p_{3.1}$	90	86(S)	倾斜走向		90	
4#	10	$p_{4.1}$	69	70(S)	倾斜走向	5	90	考察 δ_1、δ_5
		$p_{4.2}$	90	88(S)	倾斜走向		90	
5#	10	$\varepsilon_{5.1}$	70	70(S)	走向	2	88(W)	
		$Q_{5.2}$	70	70(S)	走向		88(E)	
6#	10	$p_{6.1}$	80	80(S)	走向	5	90	
		$p_{6.2}$	70	70(S)	走向		90	
7#	10	$\varepsilon_{7.1}$	80	80(S)	走向	2	90	
		$Q_{7.2}$	80	80(S)	走向		87(E)	
8#	15	$\varepsilon_{8.1}$		60(N)	走向	2	90	
		$Q_{8.2}$			走向		87(E)	
9#	15	$p_{9.1}$		60(N)	走向	5	87(W)	同时测煤层透气性系数和残余瓦斯压力
		$p_{9.2}$			走向		87(E)	
10#	15	$\varepsilon_{10.1}$		60(N)	走向	2	90	
		$Q_{10.2}$			走向		87(W)	
11#	10	$p_{11.1}$		60(N)	走向	5	87(W)	同时测煤层透气性系数和残余瓦斯压力
		$p_{11.2}$			走向		87(E)	
12#	15	Q_{12}		60(N)	走向	2	90	
17#		$\varepsilon_{17.1}$		60(N)	走向	5	87	
		$Q_{17.1}$			走向		87	
27#		$\varepsilon_{27.1}$		60(N)	走向	5	87	
		$Q_{27.1}$			走向		87	
说明	p,ε,Q 分别表示瓦斯压力、煤层变形、瓦斯流量、抽采量；δ_1,δ_5 分别表示倾斜下方卸压角与走向卸压角							

（1）1707 试验区考察钻场与钻孔参数测定有：$1^{\#}$、$2^{\#}$ 钻场测定原始瓦斯压力和煤层原始透气性系数，$3^{\#}$、$4^{\#}$ 钻场测残余瓦斯压力，$6^{\#}$、$9^{\#}$ 钻场测定残余瓦斯压力，$11^{\#}$、$12^{\#}$ 钻场测定原始瓦斯压力的残余瓦斯压力和煤层透气性系数卸压后的煤层透气性及瓦斯流量。

（2）1708 试验区考察钻场与钻孔参数测定有：$1^{\#}$、$5^{\#}$、$9^{\#}$、$10^{\#}$、$17^{\#}$、$27^{\#}$ 钻场测定瓦斯压力的残余瓦斯压力、煤层透气性系数和瓦斯流量，$6^{\#}$、$8^{\#}$、$10^{\#}$ 钻场测煤层膨胀变形。

2. 倾斜保护边界考察

考察一$_7$ 煤层保护层开采后二$_1$ 煤层被保护层倾斜方向的保护范围，本考察只考察采煤工作面下部保护边界。在考察巷中有 4 个钻场（$3^{\#}$、$4^{\#}$、$5^{\#}$、$6^{\#}$、$7^{\#}$）用于考察倾斜保护边界，钻场间距 10 m，钻孔考察项目有瓦斯压力 p、煤层变形 ε、瓦斯流量 Q 和瓦斯抽采量 $Q_{抽}$。

3. 保护层回采对被保护层瓦斯参数影响的考察

保护层采煤工作面推进过程中对被保护层（$9^{\#}$ 钻场 $p_{9.1}$、$p_{9.2}$，$11^{\#}$ 钻场 $p_{11.1}$、$p_{11.2}$）瓦斯压力和透气性系数的变化，对煤层变形（$8^{\#}$ 钻场 $\varepsilon_{8.1}$，$10^{\#}$ 钻场 $Q_{10.2}$，$12^{\#}$ 钻场 Q_{12}）变化的影响进行考察。

4. 保护层开采考察钻场与钻孔参数表

1707 工作面考察钻场与钻孔参数详见表 1-3。

表 1-3　　　　　　　1707 工作面考察钻场与钻孔参数表

钻场编号	钻场间距/m	钻孔考察项目	考察孔参数		考察范围	钻孔孔底间距/m	钻孔与钻场夹角/(°)	备　注
			一$_7$ 下运输巷卸压角/(°)	考察孔水平倾角/(°)				
$1^{\#}$	10	p_1	0.88	60(N)			90	测原始瓦斯压力
$2^{\#}$	10	p_2	1.4	60(N)			90	同上
$3^{\#}$	10	$p_{3.1}$	69	67(S)	倾斜走向		90	处于一$_7$ 煤层切眼位置
		$p_{3.2}$	90	86(S)	倾斜走向		90	

钻场编号	钻场间距/m	钻孔考察项目	考察孔参数		考察范围	钻孔孔底间距	钻孔与钻场夹角/(°)	备注
			一7下运输巷卸压角/(°)	考察孔水平倾角/(°)				
4#	10	$p_{4.1}$	69	70(S)	倾斜		90	考察 δ_1、δ_5
		$p_{4.2}$	90	88(S)	倾斜		90	
5#	10	$\varepsilon_{5.1}$	70	70(S)	走向	2	88(W)	
		$Q_{5.2}$	70	70(S)	走向		88(E)	
6#	10	$p_{6.1}$	80	80(S)	走向		90	
		$p_{6.2}$	70	70(S)	走向		90	
7	10	$\varepsilon_{7.1}$	80	80(S)	走向	2	90	
		$Q_{7.2}$	80	80(S)	走向		87(E)	
8#	15	$\varepsilon_{8.1}$		60(N)	走向	2	90	
		$Q_{8.2}$					87(E)	
9#	15	$p_{9.1}$		60(N)	走向	5	87(W)	同时测煤层透气性系数和残余瓦斯压力
		$p_{9.2}$					87(E)	
10#	15	$\varepsilon_{10.1}$		60(N)	走向	2	90	
		$Q_{10.2}$					87(W)	
11#	10	$p_{11.1}$		60(N)	走向	5	87(W)	同时测煤层透气性系数和残余瓦斯压力
		$p_{11.2}$					87(E)	
12#	15	Q_{12}		60(N)	走向		90	
说明	p、ε、Q、$Q_{抽}$分别表示瓦斯压力、煤层变形、瓦斯流量、抽采量； δ_1、δ_5分别表示倾斜下方卸压角与走向卸压角							

第四节　二₁煤层瓦斯压力与变形等参数测定

一、二₁煤层瓦斯压力参数测定

(一)测定方法

测压孔封孔结构如图 1-5 所示。测压钻孔完工后,首先将孔内的钻屑吹干净,然后放入测压管($\phi=10$ mm,$L=22$ m),同时在孔壁与测压管之间插入一根注浆管($\phi=25$ mm,$L=6$ m)。为了防止水泥砂浆进入测压段,还需放入一带三通管接头的回液管($\phi=15$ mm,$L=20$ m),封孔材料为普通水泥、水泥膨胀剂、水和砂子。封孔时将注浆管用高压软管与注浆罐(或注浆泵)的注浆漏斗管连接。

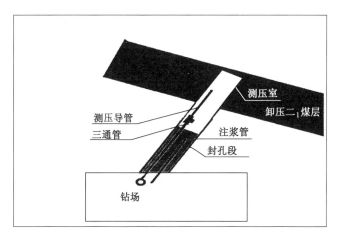

图 1-5　瓦斯压力测定钻孔封孔示意图

在钻孔施工及封孔工作中记录的内容有:钻孔见煤时间,钻孔终孔时间,钻孔倾角及见煤长度,开始封孔时间,流量测定时间,流量、钻孔深度和开始测定压力时间。

瓦斯压力钻孔封孔工作完成后,首先进行瓦斯流量的测定工作,待水泥凝固后连接孔口具有排气孔的压力表接头,接精度为 1.5 级、量程为 $2\sim5$ MPa 的压力表,即可开始瓦斯压力测定工作。接好压力表以后,钻孔内瓦斯也逐渐趋于平衡,瓦斯压力逐步升高,瓦斯压力稳定后测定的值即为煤层原始瓦斯压力。保护层回采后,由卸压和瓦斯抽采等综合作用,将导致一定范围内瓦斯压力的下降。瓦斯压力下降到一定值以后,可通过孔口排气将瓦斯压力卸掉,然后测定瓦斯流量,用于计算卸压过程中的煤层透气性系数。流量测定工作结束后将压力表重新上好。

(二)测定参数

东翼 1707 工作面考察巷测定的二$_1$煤层原始瓦斯压力(12$^\#$钻孔)为 1.29

MPa(表压 1.19 MPa,见图 1-6),1707 工作面推过 12# 钻孔 15 m 时工作面遇断层停采,12# 钻孔也测得二₁煤层残余瓦斯压力 0.4 MPa,参见图 1-7;1707 工作面推过 11# 钻场 2# 测压孔 28 m 时测得二₁煤层残余瓦斯压力为 0.23 MPa,参见图 1-8;1707 工作面推过 9# 钻场 1# 测压孔 57 m 时测得二₁煤层残余瓦斯压力为 0.24 MPa,参见图 1-9;1707 工作面推过 4# 钻场 1# 测压孔 54 m 时测得二₁煤层残余瓦斯压力为 0.22 MPa,参见图 1-10;1707 工作面 2# 钻孔测得二₁煤层原始瓦斯压力为 1.30 MPa,参见图 1-11。

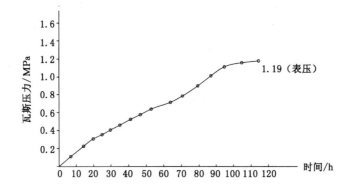

图 1-6　1707 工作面 12# 钻孔瓦斯压力-测压时间曲线

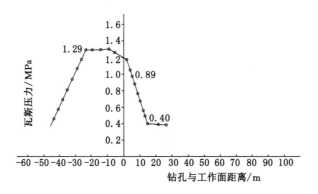

图 1-7　12# 钻场 1# 测压孔与 1707 工作面距离图

从 1707 工作面采止线与 12# 钻孔见二₁煤点形成的角度为 55°(图 1-12),由此可知,12# 钻孔的残余瓦斯压力为 0.4 MPa,已完成无突出危险,而且 12# 钻

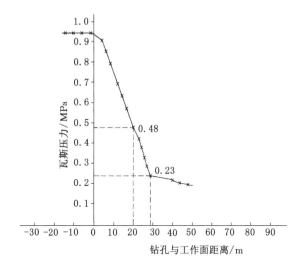

图 1-8　11#钻场 2#测压孔与 1707 工作面距离图

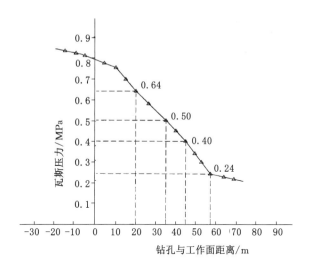

图 1-9　9#钻场 1#测压孔与 1707 工作面距离图

孔瓦斯压力是逐渐缓慢下降的,无陡降现象。故推测在 12#钻孔附近区域,1707 采空区与二₁煤层之间无直通裂隙,这也证实 1707 工作面采后,其顶板是缓慢下沉而无垮落。

二₁煤层瓦斯压力钻孔升压时间见表 1-4。

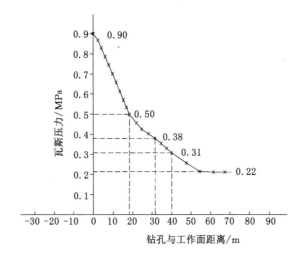

图 1-10　4# 钻场 2# 测压孔与 1707 工作面距离

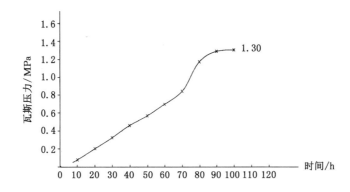

图 1-11　1707 工作面 2# 钻孔瓦斯压力-测压时间曲线

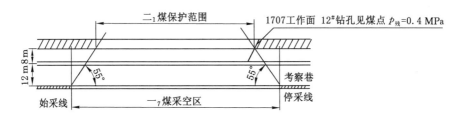

图 1-12　一₇ 煤保护层工作面始采线、停采线影响范围

表 1-4　　　　　　　　　二₁煤层瓦斯压力钻孔升压时间表

1707 工作面 12# 孔升压时间/h	10	20	30	40	50	60	70	80	90		
瓦斯压力/MPa	0.10	0.25	0.3	0.45	0.58	0.80	0.95	1.10	1.19		
1707 工作面 2# 钻孔升压时间/h	10	20	30	40	50	60	70	80	90	100	110
瓦斯压力/MPa	0.12	0.16	0.30	0.40	0.56	0.70	0.89	1.10	1.21	1.30	1.30
1708 工作面 5# 钻孔升压时间/h	10	20	30	40	50	60	70	80	90	100	110	120	140
瓦斯压力/MPa	0.10	0.15	0.26	0.39	0.52	0.65	0.90	1.19	1.36	1.48	1.60	1.64	1.64

西翼 1708 工作面考察巷 5# 钻场−80 m 处 5# 测压孔测得试验区二₁煤层原始瓦斯压力为 1.74 MPa(表压 1.64 MPa,见图 1-13);当 1708 工作面推过 5# 测压孔 19 m 时,测得二₁煤层瓦斯压力 0.80 MPa;当 1708 工作面推过 5# 钻场测压孔 23 m 时测得二₁煤层瓦斯压力 0.6 MPa;当 1708 工作面推过 5# 钻场测压孔 32 m 时测得二₁煤层残余瓦斯压力 0.5 MPa,参见图 1-14。9# 钻场 2# 测压孔测得原始瓦斯压力 1.14 MPa,1708 工作面推过 9# 钻场 2# 测压孔 31 m 处测得残余瓦斯压力 0.32 MPa,参见图 1-15。

二₁煤层瓦斯参数测定结果见表 1-5。

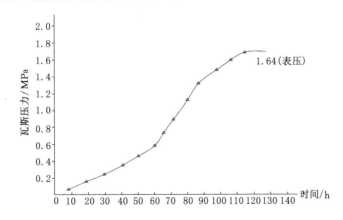

图 1-13　1708 工作面 5# 钻场 1# 钻孔瓦斯压力-测压时间曲线

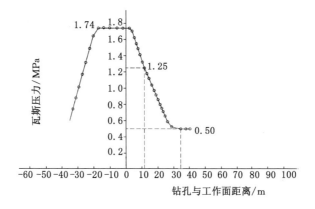

图 1-14　5#钻场 1#测压孔与 1708 工作面距离

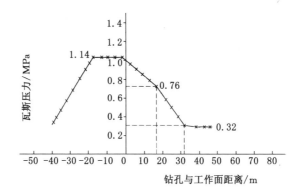

图 1-15　9#钻场 2#测压孔与 1708 工作面距离

表 1-5　　　　　　　　二₁煤层瓦斯参数测定结果汇总表

序号	测定地点	距地表垂深 /m	瓦斯压力 /MPa	煤层透气性系数 /[m²/(MPa²·d)]	备注
1	东三岩石平巷 东二石门 1#孔	298	0.88	$4.022×10^{-3}$	
2	东三岩石平巷 东二石门 2#孔	298	1.40	$4.64×10^{-3}$	
3	1707 考察巷 1#钻场	405	1.08		
4	1707 考察巷 1#钻场	405	0.41		采过 1#钻场 20 m

续表 1-5

序号	测定地点	距地表垂深 /m	瓦斯压力 /MPa	煤层透气性系数 /[m²/(MPa²·d)]	备注
5	1707 考察巷 1# 钻场	405	0.29(残余值)		采过 1# 钻场 35 m
6	1707 考察巷 3# 钻场	405	0.22(残余值)		采过 3# 钻场 39 m
7	1707 考察巷 4# 钻场	405	0.41		采过 4# 钻场 18 m
8	1707 考察巷 6# 钻场	405	0.44		采过 6# 钻场 21 m
9	1707 考察巷 9# 钻场	395.3	0.5		采过 9# 钻场 19 m
10	1707 考察巷 9# 钻场	395.3	0.24		采过 9# 钻场 40 m
11	1707 考察巷 9# 钻场	395.3	0.18		采过 9# 钻场 65 m
12	1707 考察巷 11# 钻场	395.3	0.46		采过 11# 钻场 28 m
13	1707 考察巷 11# 钻场	395.3	0.3 (残余值)		采过 11# 钻场 32 m
14	1707 考察巷 12# 钻场	395.3	1.29 (原始压力值)	0.014 0	
15	1707 考察巷 12# 钻场	395.3	0.89		采过 12# 钻场 6 m
16	1707 考察巷 12# 钻场	395.3	0.48		采过 12# 钻场 19 m
17	1707 考察巷 12# 钻场	395.3	0.40 (残余值)	13.36	采过 12# 钻场 25 m
18	1708 考察巷 9# 钻场		1.14		
19	1708 考察巷 5# 钻场		1.74 (原始压力值)	0.014 0	

序号	测定地点	距地表垂深 /m	瓦斯压力 /MPa	煤层透气性系数 /[m²/(MPa²·d)]	备注
20	1708 考察巷 5# 钻场		1.25		采过 5# 钻场 6 m
21	1708 考察巷 5# 钻场		0.78		采过 5# 钻场 19 m
22	1708 考察巷 5# 钻场		0.50 (残余值)	12.3	采过 5# 钻场 32 m
23	1708 考察巷 10# 钻场		0.87		采过 10# 钻场 11 m
24	1708 考察巷 10# 钻场		0.48 (残余值)		采过 10# 钻场 30 m

二、煤层瓦斯含量参数计算

煤层瓦斯含量包括游离瓦斯含量和吸附瓦斯含量，应分别进行计算。游离瓦斯含量可按气体状态方程计算；吸附瓦斯含量计算可参阅《矿井瓦斯防治》、《矿井瓦斯灾害防治与利用技术手册》等图书。根据朗缪尔吸附方程 $X_x = \dfrac{abp}{1+bp}$，从二₁煤层取样测定瓦斯吸附常数 $a = 30.17$，$b = 0.55$ MPa^{-1}，挥发分 $V_{ad} = 13.1\%$，灰分 $A = 9.8\%$，水分 $W = 0.78\%$（由中国矿业大学安全工程学院实验室高压吸附装量 2004 年测定）。以保护层 1707 和 1708 试验区测定二₁煤层原始瓦斯压力和通过抽采卸压瓦斯后的残余瓦斯压力计算二₁煤层原始瓦斯含量和残余瓦斯含量及瓦斯抽排率如下：

$$X = X_x + X_y$$

$$X_x = \frac{abp}{1+bp} \cdot \frac{1}{1+0.3w} e^{n(t_0 - t)} \cdot \frac{100 - A - W}{100},$$

$$X_y = \frac{10Kp}{K_R}$$

式中　X——瓦斯含量，m^3/t 可燃；

　　　X_x——吸附瓦斯含量，m^3/t；

X_y——游离瓦斯含量,m^3/t;

a——吸附常数,取 30.17 m^3/t;

b——吸附常数,取 0.55 MPa^{-1};

p——煤层瓦斯压力(MPa),1707 试验区 $p_0=1.29$ MPa,残余瓦斯压力 $p_{残}=0.4$ MPa,1708 试验区 $p_0=1.74$ MPa,残余瓦斯压力 $p_{残}=0.5$ MPa;

e——自然对数,$e=2.718$;

t_0——吸附试验的温度,取 30 ℃;

t——煤层温度,取 20 ℃;

A——煤的灰分,取 9.8%;

W——煤的水分,取 0.78%;

K——煤的孔隙容积,取 0.140 m^3/t,$K=\dfrac{1}{K_1}-\dfrac{1}{K_2}$;

K_1——干煤视密度,取 1.49 t/m^3;

K_2——干煤真密度,取 1.88 t/m^3;

n——系数,$n=\dfrac{0.02}{0.993+0.07p}$;

K_R——瓦斯的压缩系数,当 $p_0=1.29\sim1.74$ MPa、煤层温度 20 ℃时,$K_R=1$。

(一)东翼 1707 试验区瓦斯含量和瓦斯抽排率计算

测得 $p_0=1.29$ MPa,$p_{残}=0.4$ MPa。

(1)二₁煤层原始瓦斯含量

$$X_x=\frac{abp}{1+bp}\cdot\frac{1}{1+0.3w}e^{n(t_0-t)}\cdot\frac{100-A-W}{100}$$

$$=\frac{30.17\times0.55\times1.29}{1+0.55\times1.29}\times\frac{1}{1+0.3\times0.78}\times2.718^{(0.0185\times10)}\times\frac{100-9.8-0.78}{100}$$

$$=12.52\times0.805\times1.203\times0.89=10.79\ (m^3/t)$$

$$X_y=\frac{10Kp}{K_R}=\frac{10\times0.14\times1.29}{1}=1.8\ (m^3/t)$$

$$X=X_x+X_y=10.79+1.8=12.59\ (m^3/t)$$

(2)二₁煤层残余瓦斯含量

$$X_c = X_x + X_y$$

$$= \frac{30.17 \times 0.55 \times 0.4}{1 + 0.55 \times 0.4} \times \frac{1}{1 + 0.31 \times 0.78} \times 2.718^{(0.019\,5 \times 10)} \times$$

$$\frac{100 - 9.8 - 0.78}{100} + \frac{10 \times 0.14 \times 0.4}{1}$$

$$= 5.44 \times 0.805 \times 1.216 \times 0.894 + 0.56$$

$$= 4.74 + 0.56 = 5.30 \text{ (m}^3/\text{t)}$$

（3）二₁煤层瓦斯抽排率

$$\eta = (X - X_c)/X = (12.59 - 5.30)/12.59 = 58\%$$

（二）西翼1708试验区瓦斯含量和瓦斯抽排率计算

1. 二₁煤层瓦斯含量计算

5# 钻场测得 $p_0 = 1.74$ MPa，$p_残 = 0.5$ MPa。

（1）二₁煤层原始瓦斯含量

$$X_x = \frac{30.17 \times 0.55 \times 1.74}{1 + 0.55 \times 1.74} \times \frac{1}{1 + 0.31 \times 0.78} \times 2.718^{(0.017\,9 \times 10)} \times \frac{100 - 9.8 - 0.78}{100}$$

$$= 14.75 \times 0.805 \times 1.195 \times 0.894 = 12.68 \text{ (m}^3/\text{t)}$$

$$X_y = \frac{10 \times 0.14 \times 1.74}{1} = 2.43 \text{ (m}^3/\text{t)}$$

$$X = 12.68 + 2.43 = 15.11 \text{ (m}^3/\text{t)}$$

（2）二₁煤层残余瓦斯含量

$$X_c = X_{x残} + X_{y残}$$

$$= \frac{30.17 \times 0.55 \times 0.5}{1 + 0.5 \times 0.55} \times 0.805 \times 2.718^{(0.019\,4 \times 10)} \times 0.89 + \frac{10 \times 0.14 \times 0.5}{1}$$

$$= 6.50 \times 0.805 \times 1.195 \times 0.89 + 0.7$$

$$= 5.56 + 0.7 = 6.26 \text{ (m}^3/\text{t)}$$

（3）二₁煤层瓦斯抽排率

$$\eta = (15.11 - 6.26)/15.11 = 59\%$$

2. 1708试验区瓦斯含量计算

（1）17# 钻场测得 $p_0 = 1.46$ MPa，$p_残 = 0.52$ MPa

① 瓦斯含量 $X = X_x + X_y$

$$X_x = \frac{30.17 \times 0.55 \times 1.46}{1 + 0.55 \times 1.46} \times 0.81 \times 1.198 \times 0.86 = 11.21 \ (m^3/t)$$

$$X_y = \frac{10 \times 0.14 \times 1.46}{1} = 2.04 \ (m^3/t)$$

$$X = X_x + X_y = 11.21 + 2.04 = 13.25 \ (m^3/t)$$

② 残余瓦斯含量

$$X_{x残} = \frac{30.17 \times 0.55 \times 0.52}{1 + 0.55 \times 0.52} \times 0.87 \times 1.213 \times 0.89 = 6.30 \ (m^3/t)$$

$$X_{y残} = \frac{10 \times 0.14 \times 0.52}{1} = 0.73 \ (m^3/t)$$

$$X_c = X_{x残} + X_{y残} = 6.30 + 0.73 = 7.03 \ (m^3/t)$$

③ 瓦斯抽排率

$$\eta = (13.25 - 7.03)/13.25 = 47\%$$

（2）27$^\#$ 钻场测得 $p_1 = 1.54$ MPa，$p_残 = 0.46$ MPa

① 瓦斯含量

$$X_x = \frac{30.17 \times 0.55 \times 1.54}{1 + 0.55 \times 1.54} \times 0.81 \times 1.199 \times 0.89 = 11.96 \ (m^3/t)$$

$$X_y = \frac{10 \times 0.14 \times 1.54}{1} = 2.16 \ (m^3/t)$$

$$X = X_x + X_y = 11.96 + 2.16 = 14.12 \ (m^3/t)$$

② 残余瓦斯含量

$$X_{x残} = \frac{30.17 \times 0.55 \times 0.46}{1 + 0.55 \times 0.46} \times 0.81 \times 1.213 \times 0.89 = 5.33 \ (m^3/t)$$

$$X_{y残} = \frac{10 \times 0.14 \times 0.46}{1} = 0.64 \ (m^3/t)$$

$$X_c = 5.33 + 0.64 = 5.97 \ (m^3/t)$$

③ 瓦斯抽排率

$$\eta = (14.12 - 5.97)/14.12 = 58\%$$

三、二₁煤层变形参数测定

（一）测定方法

用深部基点法测煤层顶底板相对变形。变形钻孔施工时要求钻孔进入煤层顶板 1 m。在煤层顶板及底板各安装一对钢楔固定深部基点,见图 1-16,钢楔用钢管和钢板做成,形状如倒楔形锚杆,不过中间是中空的。煤层顶板的钢楔焊接 10 mm 钢筋,穿过煤层底板的钢楔至孔口。煤层底板的钢楔焊有一根直径15 mm 的无缝钢管,套在与顶板钢楔相连的钢筋上,用百分表和千分卡尺测定钢筋相对位移,然后计算煤层顶底板相对变形。

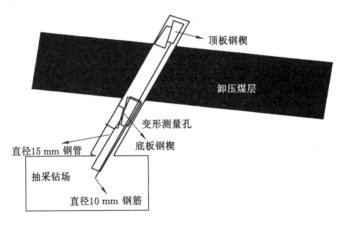

图 1-16 深部基点结构示意图

(二)煤层变形参数测定结果

东翼 10# 钻场变形孔煤厚 5.3 m,最大压缩变形量为−2.22 mm,变形率为 2.22/5 300=0.42‰,最大压缩变形发生在工作面前方−26 m 处。最大膨胀变形量为 87.54−58.76=28.78 mm,最大膨胀变形率为 28.78/5 300=5.43‰,最大膨胀变形发生在保护层工作面采过 35 m 处。如图 1-17 所示。

东翼 8# 钻场变形孔煤厚 5.5 m,最大压缩变形量为−2.89 mm,变形率为 2.89/5 500=0.53‰,最大压缩变形量发生在工作面前方−25～−30 m 处。最大膨胀变形量为 69−57.68=11.32 mm,最大膨胀变形率为 11.32/5 500=2.06‰,最大膨胀变形发生在保护层工作面采过 20 m 处。如图 1-18 所示。

东翼 5# 钻场变形孔煤厚 5.8 m,最大压缩变形量为−2.96 mm,最大压缩变形率为 2.96/5 800=0.51‰,最大压缩变形发生在工作面前方−30 m。当一7 保护层工作面采过 25～30 m,最大膨胀变形量为 79.23−46.12=33.11 mm,最大膨胀变形率为 33.11/5 800=5.71‰。如图 1-19 所示。

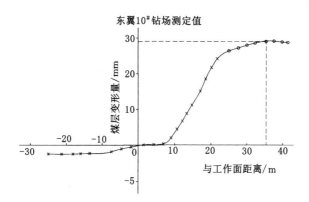

图 1-17 二₁煤层变形与 1707 工作面距离关系曲线图(东翼 10# 钻场)

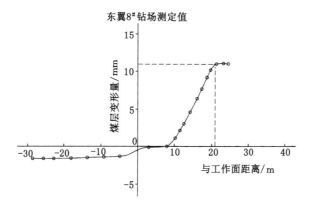

图 1-18 二₁煤层变形与 1707 工作面距离关系曲线图(东翼 8# 钻场)

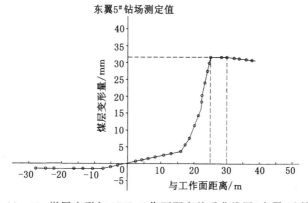

图 1-19 二₁煤层变形与 1707 工作面距离关系曲线图(东翼 5# 钻场)

东翼 7# 钻场变形孔煤厚 6.2 m,最大压缩变形量为 −3.26 mm,最大压缩变形率为 3.26/6 200=0.53‰,最大压缩变形发生在保护层工作面前方 −28 m 处。当一₇保护层工作面采过 22～30 m 时,最大膨胀变形量为 76.25−53.45=22.80 mm,最大膨胀变形率为 22.80/6 200=3.68‰。如图 1-20 所示。

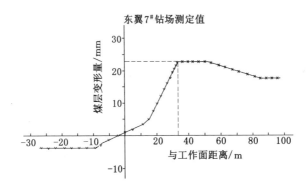

图 1-20　二₁煤层变形与 1708 工作面距离关系曲线图(东翼 7# 钻场)

西翼 6# 钻场变形孔煤厚 9.4 m,最大压缩变形量为 −5.10 mm,压缩变形率为 5.10/9 400=0.54‰,压缩变形发生在工作面前方 −32 m 处。最大膨胀变形量为 618−548=70 mm,最大膨胀变形率为 70/9 400=7.447‰,最大膨胀变形发生在工作面采过 22～30 m 处。如图 1-21 所示。

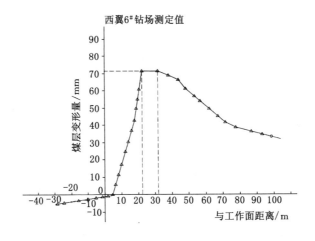

图 1-21　二₁煤层变形与 1708 工作面距离关系曲线图(西翼 6# 钻场)

西翼 8# 钻场变形孔煤厚 8.1 m,最大压缩变形量为 −4.62 mm,最大压缩变形率为 4.62/8 100＝0.57‰,最大压缩变形发生在工作面前方 −28 m 处。实测的最大膨胀变形量为 222−179＝43 mm,最大膨胀变形率为 43/8 100＝5.308‰,最大膨胀变形发生在工作面采过 20～25 m 处。如图 1-22 所示。

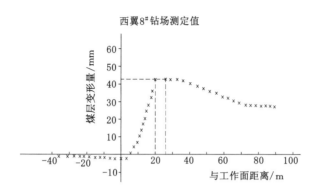

图 1-22　二₁煤层变形与 1708 工作面距离关系曲线图(西翼 8# 钻场)

西翼 10# 钻场变形孔煤厚 7.8 m,最大压缩变形量为 −3.86 mm,最大压缩变形率为 3.86/7 800＝0.49‰,最大压缩变形发生在工作面前方 −30 m 处。最大膨胀变形量为 120−83＝37 mm,最大膨胀变形率为 37/7 800＝4.74‰,最大膨胀变形发生在工作面采过 25～35 m 处。如图 1-23 所示。

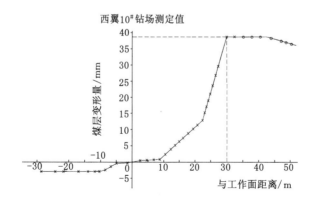

图 1-23　二₁煤层变形与 1708 工作面距离关系曲线图(西翼 10# 钻场)

四、煤层透气性系数测定

(一)参数测定及计算

煤层透气性系数是煤层瓦斯流动难易程度的标志,也是煤层卸压程度的重要标志之一。二₁煤层透气性系数测定是从岩巷中打钻孔进入煤层测定瓦斯压力和瓦斯流量。该方法是以钻孔周围煤层内的瓦斯流动状态属于径向不稳定流动过程建立的,其计算公式为:

$$Q_N = AF_0^{\ B}$$

式中 Q_N——流量准数;

F_0——时间准数;

A, B——常数。

煤层透气性系数的计算公式如表 1-6 所列。

表 1-6   **煤层透气性系数的计算公式表**

换算公式	F_0	计算
$A = qr_1/(p_0^2 - p_1^2)$ $B = 4tp_0^{1.5}/(\alpha r_1^2)$ $F'_0 = B\lambda$	$0.01 \sim 1$	$\lambda = A^{1.61}B^{1/1.64}$
	$1 \sim 10$	$\lambda = A^{1.39}B^{1/2.56}$
	$10 \sim 100$	$\lambda = 1.1A^{1.25}B^{1/4}$
	$100 \sim 1\ 000$	$\lambda = 1.83A^{1.25}B^{1/7.3}$
	$1\ 000 \sim 100\ 000$	$\lambda = 2.1A^{1.11}B^{1/9}$
	$100\ 000 \sim 10\ 000\ 000$	$\lambda = 3.14A^{1.07}B^{1/14.4}$

注:A, B 为常数;λ 为煤层透气性系数,$m^2/(MPa^2 \cdot d)$;p_0 为煤层原始压力,MPa;p_1 为钻孔排放时的瓦斯压力,一般为 0.1 MPa;r_1 为钻孔半径,一般为 0.05 m;q 为在排放瓦斯为 t 时钻孔壁单位面积瓦斯流量,$m^3/(m^2 \cdot d)$,$q = \dfrac{Q}{2\pi r_1 L}$;$L$ 为煤孔长度,一般等于煤层厚度,m;t 为从开始排放瓦斯到测量瓦斯流量 q 的时间间隔,d;Q 为在时间为 t 时的钻孔流量,m^3/d;α 为煤层瓦斯含量系数,$m^3/(m^3 \cdot MPa^{1/2})$。

1. 1708 试验区 5# 钻场原始煤体煤层透气性系数计算

(1) $p_0 = 1.74$ MPa $Q = 1.047$ m³/d $r_1 = 0.05$ m $L = 8.5$ m $t = 10$ d

$p_1 = 0.1$ MPa $\alpha = 19.65$ m³/(m³ · MPa^{0.5})

① 计算 q 值

$$q = \frac{Q}{2\pi r_1 L} = \frac{1.047}{2 \times 3.141\ 6 \times 0.05 \times 8.5} = 0.392\ 1\ [\text{m}^3/(\text{m}^2 \cdot \text{d})]$$

② 计算 A、B 常数

$$A = \frac{qr_1}{p_0^2 - p_1^2} = \frac{0.392\ 1 \times 0.05}{(1.74)^2 - (0.1)^2} = 0.006\ 497$$

$$B = \frac{4tp_0^{1.5}}{\alpha r_1^2} = \frac{4 \times 10 \times (1.74)^{1.5}}{19.65 \times (0.05)^2} = 1\ 868.88$$

③ 选 $F_0 = 10 \sim 10^2$

$$\lambda = 1.1 \times A^{1.25} \times B^{1/4}$$

$$= 1.1 \times (0.006\ 497)^{1.25} \times (1\ 868.88)^{0.25}$$

$$= 0.013\ 3\ [\text{m}^2/(\text{MPa}^2 \cdot \text{d})]$$

④ 校验

$$F'_0 = B\lambda = 1\ 868.88 \times 0.013\ 3 = 24.86$$

F'_0 在 $10 \sim 10^2$ 范围内,公式适用,结果正确。

(2) $p_{0残} = 0.5$ MPa　$p_1 = 0.1$ MPa　$Q = 42$ m³/d　$r = 0.05$ m　$L = 8.5$ m

　　$t = 2$ d　$\alpha = 19.65$ m³/(m³ · MPa$^{0.5}$)

① 计算 q 值

$$q = \frac{Q}{2\pi r_1 L} = \frac{42}{2 \times 3.141\ 6 \times 0.05 \times 8.5} = 15.73\ [\text{m}^3/(\text{m}^2 \cdot \text{d})]$$

② 求 A、B 常数

$$A = \frac{qr_1}{p_0^2 - p_1^2} = \frac{15.73 \times 0.05}{(0.5)^2 - (0.1)^2} = 3.28$$

$$B = \frac{4tp_0^{1.5}}{\alpha r_1^2} = \frac{4 \times 2 \times (0.5)^{1.5}}{19.65 \times (0.05)^2} = 57.58$$

③ 选 $F_0 = 10^2 \sim 10^3$

$$\lambda = 1.83 A^{1.14} B^{1/7.3}$$

$$= 1.83 \times (3.28)^{1.14} \times (57.58)^{1/7.3}$$

$$= 1.83 \times 3.85 = 12.30\ [\text{m}^2/(\text{MPa}^2 \cdot \text{d})]$$

④ 校验

$$F'_0 = B\lambda = 57.58 \times 12.30 = 708$$

F'_0 在 $10^2 \sim 10^3$ 范围内,公式适用,结果正确。

当 $5^{\#}$ 钻场范围卸压后残余瓦斯压力为 0.5 MPa 时，透气性系数增高为 12.3/0.014＝880 倍。如图 1-24 所示。

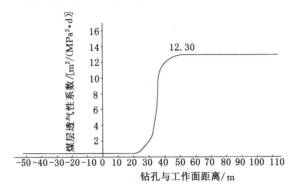

图 1-24　1708 工作面开采后 $5^{\#}$ 钻场二$_1$ 煤层透气性系数变化曲线图

2. 东翼 1707 试验区 $12^{\#}$ 钻场煤层透气性系数计算

(1) $p_0＝1.29$ MPa　$Q＝0.432$ m^3/d　$L＝5.2$ m　$r_1＝0.05$ m

$p_1＝0.1$ MPa　$t＝8$ d　$\alpha＝19.56$ m^3/(m^3 · MPa$^{0.5}$)

① 计算 q 值

$$q＝\frac{Q}{2\pi r_1 L}＝\frac{0.432}{2\times3.141\,6\times0.05\times5.2}＝0.264\,4\;[\text{m}^3/(\text{m}^2\cdot\text{d})]$$

② 求 A、B 常数

$$A＝\frac{qr_1}{p_0^2-p_1^2}＝\frac{0.264\,4\times0.05}{(1.29)^2-(0.1)^2}＝\frac{0.013\,22}{1.654\,1}＝0.007\,99$$

$$B＝\frac{4tp_0^{1.5}}{\alpha r_1^2}＝\frac{4\times8\times(1.29)^{1.5}}{19.56\times(0.05)^2}＝\frac{46.88}{0.048\,9}＝958.79$$

③ 由于时间较短，选择 $F_0＝10\sim10^2$

$\lambda＝1.1A^{1.25}B^{1/4}＝1.1\times(0.007\,99)^{1.25}\times(958.79)^{0.25}$

　　$＝0.014\,62＝14.62\times10^{-3}\,[\text{m}^2/(\text{MPa}^2\cdot\text{d})]$

④ 校验

$F'_0＝B\lambda＝0.014\,62\times958.79＝14.02$

F'_0 在 $10\sim10^2$ 范围内，公式适用，结果正确。

(2) 东翼 1707 试验区采过 28 m 后的 $12^{\#}$ 钻场

$p_{0残}＝0.4$ MPa　$p_1＝0.1$ MPa　$Q＝18$ m^3/d　$t＝2$ d　$L＝5.2$ m

$r_1 = 0.05$ m　$\alpha = 19.56$ m³/(m³ · MPa⁰·⁵)

① 计算 q 值

$$q = \frac{18}{2 \times 3.141\,6 \times 0.05 \times 5.2} = 11 \; [\text{m}^3/(\text{m}^2 \cdot \text{d})]$$

② 求 A、B 常数

$$A = \frac{11 \times 0.05}{(0.4)^2 - (0.1)^2} = 3.67$$

$$B = \frac{4 \times 2 \times (0.4)^{1.3}}{19.56 \times (0.05)^2} = \frac{2.02}{0.048\,9} = 49.71$$

③ 选择 $F_0 = 10^2 \sim 10^3$

$$\lambda = 1.83 A^{1.14} B^{1/7.3} = 1.83 \times (3.67)^{1.14} \times (49.71)^{0.136}$$

$$= 13.70 \; [\text{m}^2/(\text{MPa}^2 \cdot \text{d})]$$

④ 校验

$$F'_0 = B\lambda = 49.71 \times 13.70 = 681.03$$

F'_0 在 $10^2 \sim 10^3$ 范围内,公式适用,结果正确。

当 1707 工作面采过 15 m 以后,残余瓦斯压力为 0.4 MPa,煤层透气性系数增高为 $13.70/0.014\,62 = 937$ 倍。如图 1-25 所示。

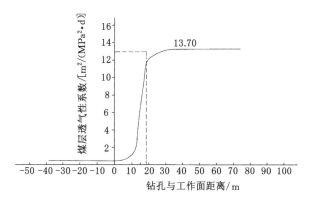

图 1-25　1707 工作面开采后 12# 钻场二₁煤层透气性系数变化曲线图

3. 东翼考察巷 1# 钻场煤层透气性系数计算

$p_0 = 1.40$ MPa　$p_1 = 0.1$ MPa　$Q = 0.216$ m³/d　$r_1 = 0.05$ m

$L = 5.5$ m　　$t = 6$ d　$\alpha = 19.65$ m³/(m³ · MPa⁰·⁵)

(1) 计算 q 值

$$q = \frac{Q}{2\pi r_1 L} = \frac{0.216}{2 \times 3.141\ 6 \times 0.05 \times 5.5} = 0.125\ [\text{m}^3/(\text{m}^2 \cdot \text{d})]$$

(2) 求 A、B 常数

$$A = \frac{q r_1}{p_0^2 - p_1^2} = \frac{0.125 \times 0.05}{(1.4)^2 - (0.1)^2} = \frac{0.006\ 25}{1.95} = 0.003\ 20$$

$$B = \frac{4 t p_0^{1.5}}{\alpha r_1^2} = \frac{4 \times 6 \times (1.4)^{1.5}}{19.65 \times (0.05)^2} = \frac{39.75}{0.049\ 1} = 809.69$$

(3) 计算 λ，因时间短，选 $F_0 = 1 \sim 10$

$$\lambda = A^{1.39} B^{1/2.56} = (0.003\ 20)^{1.39} \times (809.69)^{0.39}$$

$$= 0.003\ 41 \times 13.62 = 0.004\ 64 = 4.64 \times 10^{-3} [\text{m}^2/(\text{MPa}^2 \cdot \text{d})]$$

(4) 校验

$$F'_0 = B\lambda = 809.69 \times 0.004\ 64 = 3.76$$

F'_0 在 $1 \sim 10$ 范围内，公式适用，结果正确。

4. 1708 试验区煤层透气性系数计算

(1) 17# 钻场

① $p_0 = 1.46$ MPa $p_残 = 0.52$ MPa $L = 4.8$ m $p_0 = 0.1$ MPa

$r_1 = 0.05$ m $Q = 0.8$ m³/d $t = 2$ d $\alpha = 19.56$ m³/(m³ · MPa$^{0.5}$)

a. 计算 q 值

$$q = \frac{Q}{2\pi r_1 L} = \frac{0.80}{2 \times 3.141\ 6 \times 0.05 \times 4.8} = 0.531\ [\text{m}^3/\text{m}^2 \cdot \text{d}]$$

b. 求 A、B 常数

$$A = \frac{q r_1}{p_0^2 - p_1^2} = \frac{0.531 \times 0.05}{(1.46)^2 - (0.1)^2} = 0.012\ 5$$

$$B = \frac{4 t p_0^{1.5}}{\alpha r_1^2} = \frac{4 \times 2 \times (1.46)^{1.5}}{19.56 \times (0.05)^2} = 288.61$$

c. 选 $F_0 = 1 \sim 10$

$$\lambda = A^{1.39} B^{\frac{1}{2.56}} = (0.012\ 5)^{1.39} \times (288.61)^{0.391}$$

$$= 0.020\ 73 = 20.73 \times 10^{-3} [\text{m}^2/(\text{MPa}^2 \cdot \text{d})]$$

d. 校验

$$F'_0 = \beta\lambda = 288.61 \times 0.020\ 73 = 5.98$$

F'_0 在 1～10 范围内,公式适用,结果正确。

② $p_{0残}=0.52$ MPa $\quad Q=30$ m³/d $\quad r_1=0.05$ m $\quad L=4.8$ m $\quad t=8$ d

$\alpha=19.65$ m³/(m³·MPa⁰·⁵)

a. 计算 q 值

$$q=\frac{Q}{2\pi r_1 L}=\frac{30}{2\times3.141\ 6\times4.8\times0.05}=\frac{30}{1.51}=19.867\ [\text{m}^3/(\text{m}^2\cdot\text{d})]$$

b. 求 A、B 常数

$$A=\frac{19.867\times0.05}{(0.52)^2-(0.1)^2}=\frac{0.993\ 4}{0.260\ 4}=3.815$$

$$B=\frac{4\times8\times(0.52)^{1.5}}{19.65\times(0.05)^2}=\frac{12}{0.049\ 1}=244.40$$

c. 选 $F_0=10^3\sim10^5$

$$\lambda=2.1A^{1.11}B^{0.111}=2.1\times(3.815)^{1.11}\times(244.40)^{0.111}$$

$$=2.1\times4.42\times1.841=17.10\ [\text{m}^2/(\text{MPa}^2\cdot\text{d})]$$

d. 校验

$$F'_0=\beta\lambda=244.40\times17.10=4\ 179.28$$

F'_0 在 $10^3\sim10^5$ 范围内,公式适用,结果正确。

煤层透气性系数提高为 17.10/0.020 73＝825 倍。

(2) 27# 钻场

① $p_0=1.54$ MPa $\quad p_1=0.1$ MPa $\quad Q=0.72$ m³/d $\quad r_1=0.05$ m

$L=5.8$ m $\quad t=8$ d $\quad \alpha=19.56$ [m³/(m³·MPa⁰·⁵)]

a. 计算 q 值

$$q=\frac{Q}{2\pi r_1 L}=\frac{0.72}{2\times3.141\ 6\times0.05\times5.8}=0.395\ [\text{m}^3/(\text{m}^2\cdot\text{d})]$$

b. 求 A、B 常数

$$A=\frac{qr_1}{p_0^2-p_1^2}=\frac{0.395\times0.05}{(1.54)^2-(0.1)^2}=0.008\ 36$$

$$B=\frac{4tp_0^{1.5}}{\alpha r_1^2}=\frac{4\times8\times(1.54)^{1.5}}{19.56\times(0.05)^2}=1\ 250.61$$

c. 选 $F_0=10\sim10^2$

$$\lambda=1.1A^{1.25}B^{\frac{1}{4}}=1.1\times(0.008\ 36)^{1.25}\times(1\ 250.61)^{\frac{1}{4}}$$

$$=0.016\ 54=16.54\times10^{-3}\left[\mathrm{m}^2/(\mathrm{MPa}^2\cdot\mathrm{d})\right]$$

d. 校验

$$F'_0=B\lambda=1\ 250.61\times0.016\ 54=20.68$$

F'_0 在 $10\sim10^2$ 范围内，公式适用，结果正确。

② 卸压后煤层透气性系数计算，实测二$_1$煤层残余瓦斯压力 $p_{0残}=0.46$ MPa，$Q=25\ \mathrm{m}^3/\mathrm{d}$

a. 计算 q 值

$$q=\frac{Q}{2\pi r_1 L}=\frac{25}{2\times3.141\ 6\times0.05\times5.8}=13.72\ \left[\mathrm{m}^3/(\mathrm{m}^2\cdot\mathrm{d})\right]$$

b. 求 A、B 常数

$$A=\frac{qr_1}{p_{0残}^2-p_1^2}=\frac{13.72\times0.05}{(0.46)^2-(0.1)^2}=3.40$$

$$B=\frac{4tp_{0残}^{1.5}}{\alpha r_1^2}=\frac{4\times8\times(0.46)^{1.5}}{19.56\times(0.05)^2}=204.16$$

c. 选 $F_0=10^3\sim10^5$

$$\lambda=2.1A^{1.11}B^{\frac{1}{9}}=2.1\times(3.40)^{1.11}\times(204.16)^{\frac{1}{9}}$$
$$=14.75\ \left[\mathrm{m}^2/(\mathrm{MPa}^2\cdot\mathrm{d})\right]$$

d. 校验

$$F'_0=B\lambda=204.16\times14.75=3\ 011.36$$

F'_0 在 $10^3\sim10^5$ 范围内，公式适用，结果正确。

保护层开采后，二$_1$煤层卸压后的煤层透气性系数提高为 $14.75/0.016\ 54=892$ 倍。

（二）计算结果

在东三岩石平巷打穿层钻孔测得二$_1$煤层在垂深 298 m（标高＋244 m）处原始透气性系数为 $4.022\times10^{-3}\sim5.64\times10^{-3}\ \mathrm{m}^2/(\mathrm{MPa}^2\cdot\mathrm{d})$。

第五节　一$_7$煤层保护层采动卸压效应的分析

一$_7$煤层保护层开采后，煤层顶板塌陷或缓慢下沉，在一$_7$煤层顶部形成采空区，使其顶部岩层和煤层向形成的采空空间位移和变形，引起一$_7$煤层周围岩层的地层应力重新分布。同时,采空区上部形成的冒落拱,地层压力传递到采空区以外的岩层和煤层,使得一$_7$煤层保护层开采后的周围岩层和煤层产生了采动作用。

一$_7$煤层保护层采动影响是其周围煤岩层产生卸压的重要作用,使二$_1$煤层产生膨胀变形以及二$_1$突出煤层内的瓦斯动力参数产生一系列的变化。由此,对一$_7$煤层保护层采动卸压作用作以下分析。

一、在一$_7$煤层保护层采动作用下,二$_1$煤层被保护层的应力变形及瓦斯动力参数变化

在一$_7$煤层保护层采动作用下,二$_1$煤层被保护层的应力变形及瓦斯动力参数在走向方向发生了如下重大变化。

1. 瓦斯压力

当保护层工作面推过考察钻孔的不同距离时,瓦斯压力在卸压作用下,瓦斯压力下降有如下变化:

(1)当1708工作面推过5$^#$钻场1$^#$测压孔32 m时,在采动卸压作用下,瓦斯充分卸压降至二$_1$煤层残余瓦斯压力0.5 MPa(参见图1-14)。

1708工作面推过9$^#$钻场2$^#$测压孔30 m时,瓦斯充分卸压至残余瓦斯压力为0.32 MPa(参见图1-15)。

(2)当1707工作面推过12$^#$钻场1$^#$测压孔15 m时,在采动卸压作用下二$_1$煤层瓦斯充分卸压测得残余瓦斯压力为0.40 MPa(参见图1-7)。

1707工作面推过4$^#$钻场2$^#$测压钻孔40 m时,瓦斯充分卸压降至残余瓦斯压力0.31 MPa(参见图1-10)。

1707工作面推过9$^#$钻场1$^#$测压孔57 m时,测得二$_1$煤层残余瓦斯压力为0.24 MPa(参见图1-9)。

1707工作面推过11$^#$钻场2$^#$测压孔28 m时,测得二$_1$煤层残余瓦斯压力为0.23 MPa(参见图1-8)。

2. 煤层的膨胀变形

当保护层工作面推过测定二$_1$煤层变形孔时,在采动卸压作用下,二$_1$煤层产生膨胀变形如下:

(1)东翼1707保护层工作面

8$^#$钻场变形孔,测定煤厚5.50 m,实测最大压缩变形量为-2.89 mm,变形率为 2.89/5 500＝0.53‰,最大压缩变形发生在保护层工作面前方－30 m 处。当保护层工作面推过测定二$_1$煤层变形孔 20 m 后,在采动卸压作用下,实测二$_1$煤层最大膨胀变形为 11.32 mm,最大膨胀变形率为 2.06‰,煤层变形由压缩变形在卸压后变为膨胀变形,膨胀率提高 3.90 倍(参见图 1-18)。

5$^\#$钻场变形孔,测定煤厚 5.8 m,实测最大压缩变形量为－2.96 mm,最大压缩变形率为 2.96/5 800＝0.51‰,最大压缩变形量发生在保护层工作面前方－30 m 处。当保护层工作面推过变形孔 25～30 m 时,实测最大膨胀变形量达到 33.11 mm,最大膨胀变形率为 5.71‰,在采动卸压作用下最大膨胀变形率提高 11 倍(参见图 1-19)。

7$^\#$钻场变形孔,测定煤厚 6.2 m,实测最大压缩变形为－3.26 mm,压缩变形率为 0.53‰,最大压缩变形发生在工作面前方－28 m 处。当保护层工作面推过变形孔 22～30 m 时,实测最大膨胀变形量为 22.80 mm,最大膨胀变形率为 3.68‰,在采动卸压作用下最大膨胀变形率提高 6.94 倍(参见图 1-20)。

10$^\#$钻场变形孔,测定煤厚 5.30 m,最大压缩变形量为－2.22 mm,压缩变形率为 0.42‰,最大压缩变形发生在工作面前方－26 m 处。当保护层推过变形孔 26 m 时,最大膨胀变形量为 28.78 mm,最大膨胀变形率为 5.43‰,在采动卸压作用下最大膨胀变形率提高 12.92 倍(参见图 1-17)。

(2) 西翼 1708 保护层工作面

6$^\#$钻场变形孔,测定煤厚 9.4 m,实测最大压缩变形量为－5.10 mm,压缩变形率为 0.54‰,最大压缩变形发生在工作面前方－32 m 处。当保护层推过孔 22～30 m 时,实测最大膨胀变形量为 70 mm,最大膨胀变形率为 7.447‰,在采动卸压作用下最大膨胀变形率提高 13.72 倍(参见图 1-21)。

8$^\#$钻场变形孔,测定煤厚 8.1 m,实测最大压缩变形量为－4.62 mm,最大压缩变形率为 0.57‰,最大压缩变形发生在工作面前方－28 m 处。当保护层推过变形孔 20～25 m 时,实测最大膨胀变形量为 43 mm,最大膨胀变形率为 5.3‰,膨胀变形率提高 9.3 倍(参见图 1-22)。

10$^\#$钻场变形孔,测定煤厚 7.8 m,实测最大压缩变形量为－3.86 mm,最大压缩变形率为 0.49‰,最大压缩变形发生在工作面前方－30 m 处。当保护层推过变形孔 25～35 m 时,实测最大膨胀变形量为 37 mm,最大膨胀变形率为

4.74‰,膨胀变形率提高 9.68 倍(参见图 1-23)。

3. 一₇煤层保护层采动后二₁煤层被保护层最大集中压力点与最大卸压点分布

(1) 1707 保护层和 1708 保护层采动后,二₁煤层被保护层最大集中压力点分布于保护层工作前方-32~-28 m 处,最大压缩变形值为-2.22~-5.10 mm,最大压缩变形率为 0.42‰~0.57‰。

(2) 1707 保护层和 1708 保护层采动后,二₁煤层被保护层最大卸压点分布于保护层工作面推过 30~40 m 处,最大膨胀变形值为 11.32~70 mm,最大膨胀变形率提高 3.90~13.72 倍。

4. 煤层的透气性系数

在一₇煤层保护层采动卸压作用下,二₁煤层被保护层的应力膨胀变形,使二₁煤层产生了新的裂隙,提高了二₁煤层的透气性系数。

(1) 东翼 1707 保护层试验区 12# 钻场,实测二₁煤层原始瓦斯压力 1.29 MPa,煤层透气性系数 $\lambda = 0.0144$ m²/(MPa²·d)。

当 1707 工作面采过 12# 钻场 15 m 后,残余瓦斯压力 $p_{残} = 0.40$ MPa,二₁煤层透气性系数 $\lambda = 13.36$ m²/(MPa²·d),由于二₁煤层的应力变形,煤层透气性系数提高了 927 倍。

(2) 西翼 1708 保护层试验区 5# 钻场 1# 测压孔,实测二₁煤层原始瓦斯压力 1.74 MPa,煤层透气性系数 $\lambda = 0.0140$ m²/(MPa²·d)。

当 1708 工作面采过 32 m 后,残余瓦斯压力 $p_{残} = 0.50$ MPa,二₁煤层透气性系数 $\lambda = 12.30$ m²/(MPa²·d),二₁煤层透气性系数提高了 880 倍。

(3) 在一₇煤层保护层采动卸压的作用下,提高了二₁煤层被保护层的透气性系数,从而提高了二₁煤层瓦斯解吸能力和瓦斯抽采强度。

5. 钻场各钻孔抽采流量与保护层工作面关系

(1) 东翼 1707 工作面试验区 15# 钻场 5 个抽采瓦斯钻孔,各钻孔抽采区与 1707 工作面距离的关系曲线如图 1-26 所示。

(2) 钻场各钻孔抽采流量与 1708 工作面距离关系。西翼 1708 工作面试验区 17# 钻场有 5 个抽采瓦斯钻孔,27# 钻场有 4 个抽采瓦斯钻孔,各钻孔瓦斯抽采流量与 1708 工作面距离的关系曲线如图 1-27 和图 1-28 所示。

(3) 钻场抽采瓦斯总流量与 1708 工作面距离关系。西翼 17# 钻场和 27#

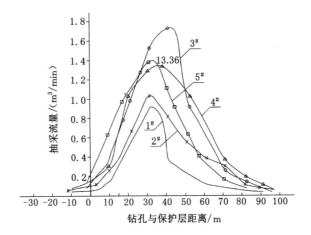

图 1-26 东翼 15# 钻场各钻孔瓦斯抽采图

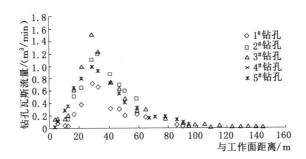

图 1-27 西翼 17# 钻场各钻孔瓦斯流量与工作面距离关系散点图

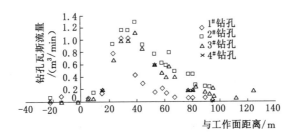

图 1-28 西翼 27# 钻场各钻孔瓦斯流量与工作面距离关系散点图

钻场测得抽采瓦斯总流量与 1708 工作面距离关系如图 1-29 和图 1-30 所示。

从 1708 工作面采过钻场抽采量快速提高,当采过 17# 钻场时,其流量达到

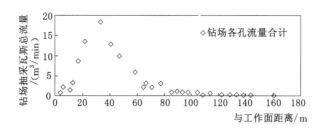

图 1-29　西翼 17# 钻场抽采瓦斯总流量与工作面距离关系散点图

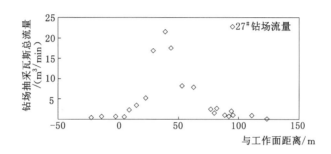

图 1-30　西翼 27# 钻场抽采瓦斯总流量与工作面距离关系散点图

最大值 18.1 m³/min,此后流量逐渐降低,直至工作面采过约 105 m 处流量都保持较高(1 m³/min 以上)的水平。17# 钻场抽采瓦斯 98 d,总抽采瓦斯量达 212 912 m³。

西翼 27# 钻场测得更为完整的抽采瓦斯过程,即从未卸压、开始卸压、卸压增长、充分卸压、卸压衰减到压实的抽采瓦斯过程。27# 钻场抽采瓦斯总流量与 1708 工作面距离关系如图 1-28 所示。1708 工作面在未受到 27# 钻场之前即在未卸压区瓦斯流量很低,仅零点几立方米每分钟。当 1708 工作面采过 27# 钻场后,钻场抽采量快速提高,从 1~2 m³/min 到 5 m³/min 以上。当 1708 工作面采过 27# 钻场约 39 m 处时,其流量达到最大值 21.39 m³/min,此后流量逐渐降低,到工作面采过 27# 钻场约 110 m 处流量都保持在 1 m³/min 以上水平,而到工作面采过 27# 钻场 115 m 后抽采量开始衰竭。27# 钻场抽采瓦斯 106 d,总抽采瓦斯量达 255 930 m³。

(4)西翼 14#~30# 钻场各钻孔抽采瓦斯流量、总量与抽采率

西翼 1708 工作面试验区从切眼到 14# 钻场 210 m 走向长度因 1708 工作面

提前开采,未进行抽采瓦斯。从 $14^\#$ 钻场到 $30^\#$ 钻场 330 m 走向长度抽采二$_1$煤层卸压瓦斯,工作面斜长 108 m,煤层平均厚度 5 m,煤密度 1.4 t/m^3,抽采卸压瓦斯区可采煤量约 $108 \times 330 \times 5 \times 1.4 = 249\ 480$ t,瓦斯储量约 $249\ 480 \times 14 = 3\ 492\ 720\ m^3$。$14^\# \sim 30^\#$ 钻场抽采瓦斯 164 d,总抽采量 2 025 778 m^3,平均吨煤瓦斯抽采量约 $2\ 025\ 778/249\ 480 = 8.12\ m^3$。瓦斯抽采率为 $2\ 025\ 778/3\ 492\ 720 = 58\%$,残余瓦斯含量约为 5.88 m^3/t。由残余瓦斯压力(0.3 MPa)计算得出与残余瓦斯含量相符的各钻场抽采量如表 1-7 所列。

表 1-7 西翼 $14^\# \sim 30^\#$ 钻场瓦斯抽采量

钻场	抽采日期	抽采天数/d	抽采量/(万 m^3)
$14^\#$	2004-07-08～2004-08-27	50	3.173 2
$15^\#$	2004-07-07～2004-08-23	45	12.227 0
$16^\#$	2004-07-08～2004-09-16	68	14.139 7
$17^\#$	2004-07-08～2004-10-16	98	21.291 2
$18^\#$	2004-07-08～2004-10-16	98	7.637 6
$19^\#$	2004-07-10～2004-09-29	79	3.581 1
$20^\#$	2004-07-10～2004-10-31	111	6.066 2
$21^\#$	2004-07-28～2004-11-06	98	8.499 0
$22^\#$	2004-07-28～2004-10-31	93	10.269 1
$23^\#$	2004-07-28～2004-10-08	71	9.444 1
$24^\#$	2004-08-09～2004-12-02	114	29.648 8
$25^\#$	2004-08-09～2004-12-19	131	20.571 9
$26^\#$	2004-08-13～2004-12-19	127	21.176 8
$27^\#$	2004-08-27～2004-12-19	106	25.593 0
$29^\#$	2004-08-27～2004-12-19	113	5.026 9
$30^\#$	2004-08-27～2004-12-02	96	4.232 2
总计	2004-07-08～2004-12-19	164	202.577 8

二、保护层的采动影响在层间垂直方向的卸压作用

一$_7$煤层保护层开采后,一$_7$煤层顶板缓慢下沉,使一$_7$煤层在垂直层面的煤

岩层向采空区方向移动和变形。在采空区影响范围内,二₁突出煤层卸压后,产生膨胀变形,煤层和岩层内产生新的裂隙,使周围岩层和二₁煤层的透气性系数增大 880 倍以上。从以上资料分析可知,在一₇煤层保护层采动影响下,二₁煤层被保护层的变形和瓦斯动力参数在走向方向发生的重大变化,与保护层在垂直层面方向的煤岩层的移动变形即卸压作用有着密切关系。如一₇煤层保护层试验区考察巷钻场沿走向和垂直层面方向的卸压带分布。

从表 1-8~表 1-11 中参数可看出:

表 1-8 　　　　　　　　　　　　　　保护层卸压带分布图

工作面钻场钻孔	层间垂距 /m	卸压起点位置		最大卸压点位置		最大膨胀变形值 ε /mm
		L/m	L/h	L/m	L/h	
1707 工作面 5# 钻场	21.53	8~12	0.4~0.6	25~30	1.25~1.5	33.11
1707 工作面 8# 钻场	21.53	10	0.5	20	1	11.32
1707 工作面 10# 钻场	21.53	10	0.5	35	1.75	28.78
1707 工作面 7# 钻场	21.53	9	0.45	34~40	1.7~2	22.80
1708 工作面 6# 钻场	21.53	12	0.6	22~30	1.1~1.5	70
1708 工作面 8# 钻场	21.53	10	0.5	20~25	1~1.25	43
1708 工作面 10# 钻场	21.53	8	0.4	40	2	37

注:L/h 为保护层推过考察钻孔的距离与层间垂直距离的比值,下同。

表 1-9 　　一₇煤层保护层试验区考察巷钻场沿走向和垂直层面方向的卸压带分布

考察巷钻场	层向垂距 /m	卸压起始位置		最大卸压点位置		最大膨胀变形值 ε/mm	残余瓦斯压力值 p/MPa	煤层透气性系数最大值 λ /[m² (MPa²·d)]	钻孔最大瓦斯流量 q /(m³/min)	钻场最大瓦斯流量 Q /(m³/min)
		L/m	L/h	L/m	L/h					
1707 工作面 5# 钻场	21.53	8~12	0.4~0.6	25~30	1.25~1.5	33.11	0.41	9.80	0.86	13.21
1708 工作面 8# 钻场	21.53	10	0.5	20	1	11.32	0.24		0.82	13.10
1707 工作面 10# 钻场	21.53	10	0.5	35	1.75	28.78	0.46	13.26	0.96	15.60

续表 1-9

考察巷钻场	层向垂距/m	卸压起始位置		最大卸压点位置		最大膨胀变形值 ε/mm	残余瓦斯压力值 p/MPa	煤层透气性系数最大值λ/[m²/(MPa²·d)]	钻孔最大瓦斯流量 q/(m³/min)	钻场最大瓦斯流量 Q/(m³/min)
		L/m	L/h	L/m	L/h					
1707 工作面 7# 钻场	21.53	9	0.45	34～40	1.7～2	22.8	0.32		0.68	7.50
1708 工作面 6# 钻场	21.53	12	0.6	22～30	1.1～1.5	70	0.50	12.30	1.2	18.20
1708 工作面 8# 钻场	21.53	10	0.5	20～25	1～1.25	43	0.30	11.60	0.92	16.10
1708 工作面 10# 钻场	21.53	8	0.4	40	2	37	0.44	11.96	1.06	16.6

表 1-10　　　　　　　　　被保护层最大集中压力点的分布

保护层工作面钻场	被测层	保护层	保护层层间垂距/m	最大集中压力点的位置 L/m	最大压缩变形值 ε/mm
1707 工作面 8# 钻场	二₁煤层	一₇煤层	21.53	30	2.89
1707 工作面 10# 钻场	二₁煤层	一₇煤层	21.53	26	2.22
1707 工作面 5# 钻场	二₁煤层	一₇煤层	21.53	30	2.96
1707 工作面 7# 钻场	二₁煤层	一₇煤层	21.53	28	3.26
1708 工作面 6# 钻场	二₁煤层	一₇煤层	21.53	32	5.10
1708 工作面 8# 钻场	二₁煤层	一₇煤层	21.53	28	4.62
1708 工作面 10# 钻场	二₁煤层	一₇煤层	21.53	30	3.86

表 1-11　　　　　　　　　被保护层卸压带分布

工作面钻场钻孔	层间垂距/m	最大卸压点位置/m	最大膨胀变形值 ε/mm	备注
1707 工作面 8# 钻场	21.53	20	11.32	
1707 工作面 10# 钻场	21.53	35	28.78	
1707 工作面 5# 钻场	21.53	25～30	33.11	
1707 工作面 7# 钻场	21.53	30～40	22.80	

工作面钻场钻孔	层间垂距/m	最大卸压点位置/m	最大膨胀变形值 ε/mm	备注
1708 工作面 6# 钻场	21.53	22～30	70.00	
1708 工作面 7# 钻场	21.53	20～25	43.00	
1708 工作面 10# 钻场	21.53	40	37.00	

（1）在一$_7$煤层保护层煤厚 0.5 m，层间灰岩 7～7.5 m，层间距约 21 m 的条件下，大多数考察钻孔的最大膨胀变形、最大瓦斯流量及最大煤层透气性系数均处于一$_7$煤层保护层推过考察钻孔的距离（L）与层间垂直距离（h）的比值 $L/h=1.5～2$ 的范围内。说明各参数的最高值均处于 1.5～2 倍层间垂距的最高卸压位置（充分卸压位置）。在此保护范围内，二$_1$突出煤层已消除煤与瓦斯突出危险性。

（2）在采空区直接影响范围内，突出层卸压后，产生膨胀变形，煤岩层内产生的裂隙大部分是在垂直层面距保护层一定距离内，这些裂隙能彼此贯通，直接与保护层采空区沟通，提供了被保护层解吸瓦斯涌向保护层采空区的通道。如抽采巷抽采钻孔落后于一$_7$煤层保护层工作面时，二$_1$煤层卸压后的解吸瓦斯通过垂直层面的裂隙，涌向抽采巷。当时将一$_7$煤层保护层停采后，速将抽采钻孔超前一$_7$煤层保护层工作面进行抽采，才避免了抽采巷的瓦斯超限。

（3）一$_7$煤层保护层采动后，在垂直层面方向上，首先卸压，由于卸压后，裂隙的形成和沟通与一$_7$煤层保护层在走向方向的推进距离相关。当保护层采煤工作面超前 0.5 倍层间垂距时，考察孔钻孔开始膨胀变形，二$_1$煤层被保护层的瓦斯压力也开始缓慢下降，随着保护层工作面超前 1.5～2 倍层间垂距，二$_1$煤层被保护层充分卸压，膨胀变形、煤层瓦斯抽采量等参数达到最高值，瓦斯压力下降为残余瓦斯压力。因此，保护层沿走向方向的保护范围应大于 2 倍层间垂距，且不小于 40 m。

（4）以上考察参数说明，保护层采动后，产生卸压作用，只有卸压作用才是被保护层的膨胀变形及瓦斯动力参数发生重大变化的主要因素。因此，卸压作用是首要的，起决定性的因素。

三、采动影响在倾斜方向上的卸压保护范围

被保护层沿倾斜的卸压作用范围以卸压角划定,卸压角的大小主要取决于煤层倾角。

(1)保护层沿倾斜方向的卸压角,按《防治煤与瓦斯突出规定》附录表 D.1 选取,煤层倾角 30°,卸压角为 $\delta_1 = 69°$,$\delta_2 = 90°$,金岭煤矿实测煤层开采的最大下沉角为 70°,与计算的 69.6°相符。按最大下沉角计算 $\delta_1 = 69°$,$\delta_2 = 90°$。

(2)1707 试验区当保护层采过 $3^\#$ 钻场 19 m 处时瓦斯压力下降至 0.60 MPa,当采过 30 m 处时瓦斯压力下降至 0.48 MPa,当采过 39 m 处时瓦斯压力降至 0.22 MPa。$3^\#$ 钻场测压钻孔与二$_1$煤层的穿层点,即测点的瓦斯压力与一$_7$煤层保护层的保护边界相交,测得下保护卸压角 $\delta_1 = 69.5°$。$4^\#$ 钻场测压钻孔当保护层采过 $4^\#$ 钻场 18 m 处时瓦斯压力下降至 0.41 MPa,此测点与一$_7$煤层保护层的保护边界线相交,测得下保护卸压角 $\delta_1 = 68°$,实测的卸压角与计算的卸压角相符,可确定二$_1$煤层倾斜卸压保护范围。如图 1-31 所示。

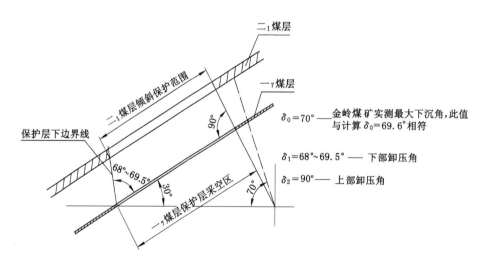

图 1-31 一$_7$煤层保护层沿倾斜卸压保护范围

四、保护层开采后的应力和瓦斯变化带

将以上收集到的瓦斯压力 p、煤层变形值 ε、钻孔流量等资料,汇总成二$_1$煤

层变形值 ε、瓦斯压力 p 和流量曲线(图 1-32),曲线图说明在采动作用下,二₁煤层被保护层的应力变形值及瓦斯动力参数发生重大变化,可以通过应力和瓦斯变化带来说明。

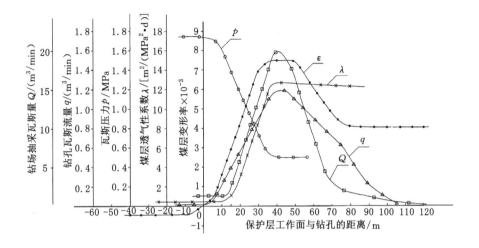

图 1-32　一₇煤层保护层开采后二₁煤层被保护层变形及瓦斯动力参数变化曲线

(1) 瓦斯原始涌出带处于正常应力带

由 p、ε、Q 曲线图可知,工作面前方 30 m 以远处为正常应力带,其瓦斯压力 p、流量 Q、煤层变形值 ε 等瓦斯动力参数都保持着原始数值。

(2) 瓦斯涌出减少带处于应力集中带

由曲线图 1-32 可知,工作面前方 30 m 至工作面后方 10 m 为应力集中带,最大支撑压力点的位置位于工作面前方 20～30 m 处,被保护层二₁煤层最大压缩变形值为 -2.22～-5.10 mm,压缩变形率为 0.42‰～0.54‰。在应力集中带内,煤体裂隙和孔隙收缩,透气性系数降低,使得瓦斯压力增高、瓦斯流量进一步降低。

(3) 瓦斯涌出带处于卸压带

由 20 个观测孔,一₇煤层保护层工作面后方二₁煤层瓦斯压力降低,出现卸压过程。从观测的数据看,在工作面后方出现急剧卸压的点(即初始卸压点),位于工作面后方 10 m,为层向垂距 0.5 倍。最大卸压点即最大膨胀点位于工作面后方 30～40 m,为层间垂距 1.5～2.0 倍,被保护层二₁煤层最大膨胀变形值为11.32~70 mm，膨胀变形率为 2.06‰～7.447‰。过了最大卸压点之后，卸压速度逐渐降低，直至应力恢复，仍然保持着显著卸压状态。

在卸压带内，由于煤层产生卸压作用，煤层产生膨胀变形，二₁煤透气性系数增加 880 倍以上，吸附态瓦斯急剧解吸，瓦斯流量不断增高并达到最大值，瓦斯压力急剧下降。

（4）瓦斯涌出衰竭带处于应力恢复带

在保护层工作面后方 100 m 以远处，保护层工作面采空区内垮落或缓慢下沉，岩石逐渐被压实，处于此带的岩层及煤层重新支承压力。但此带的应力值已小于原始应力值，煤层仍保留一定的膨胀变形，同时瓦斯经长时间的抽采，已处于衰竭状态。

第六节　一₇煤层保护层的卸压瓦斯抽采

一₇煤层保护层的卸压瓦斯抽采，也称为邻近煤层瓦斯抽采。一₇煤层下保护层采动作用，使邻近的二₁煤层得到卸压，二₁煤层产生膨胀变形，煤层透气性系数成百倍提高。在一₇煤层保护层的采动影响下，岩层和煤层间形成的层间裂隙是卸压瓦斯良好的流动通道，利用抽采钻孔打入层间孔隙就能取得良好的抽采瓦斯效果。因此，保护层的卸压抽采就是利用钻孔抽采邻近层卸压后涌向层间裂隙的瓦斯。

一、抽采巷布置

抽采巷布置在一₇煤层保护层顶板岩层间，距一₇煤层垂距 12 m，距二₁煤层垂距 8 m，见图 1-33 至图 1-35。这种布置方式具有如下优点：

（1）减少对抽采巷的维护，降低在采动影响下，采空区围岩的移动对抽采巷的破坏作用。

（2）抽采钻孔处于层间孔隙的卸压范围，能取得较好的抽采效果。

（3）抽采巷与二₁突出层的垂距较近（8 m），可减少抽采钻孔长度，降低了钻孔的工程量。

（4）可降低保护层考察钻孔的测定装置的安装难度，如对变形钻孔的深度降低后能降低深部基点的二₁煤层顶底板钢楔装置的安装难度。

（5）底板抽采巷（兼考察巷）可作一₇煤下一阶段的回风巷,降低了采掘巷道的工程量。

（6）抽采钻孔基本是打上向孔,防止钻孔积水,影响了抽采瓦斯效果。

抽采巷断面:净断面积 $7.25\ \mathrm{m}^2$。

支护形式:锚喷支护。

二、抽采钻场和钻孔布置

抽采钻场和钻孔布置参见图 1-33 至图 1-35。

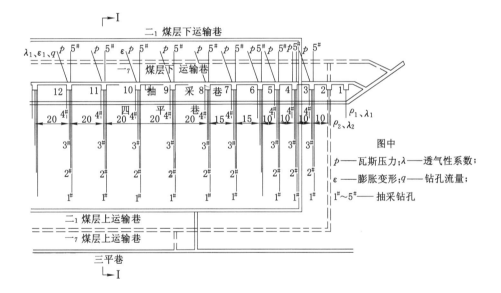

图 1-33 西翼 1708 工作面考察孔和抽采钻孔布置图

（1）钻场布置要求如下:

① 钻场断面 $5\ \mathrm{m}^2$,长度不小于 $4\ \mathrm{m}$,以满足钻机施工和布孔要求。

② 钻场间距能达到有效抽采瓦斯的要求。

③ 钻场应避免布置在层间的地质构造破坏带,以免影响封孔严密和低浓度瓦斯的抽采。

④ 钻场在抽采期间应加强维护。

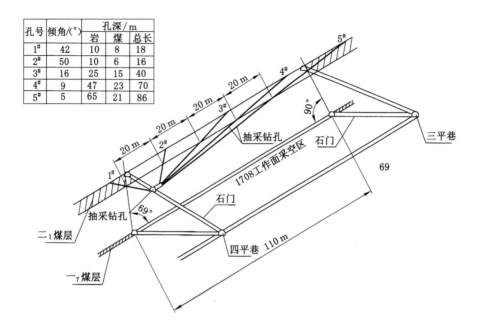

孔号	倾角/(°)	孔深/m		
		岩	煤	总长
1#	42	10	8	18
2#	50	10	6	16
3#	16	25	15	40
4#	9	47	23	70
5#	5	65	21	86

图 1-34 西翼保护层试验区抽采钻孔布置图

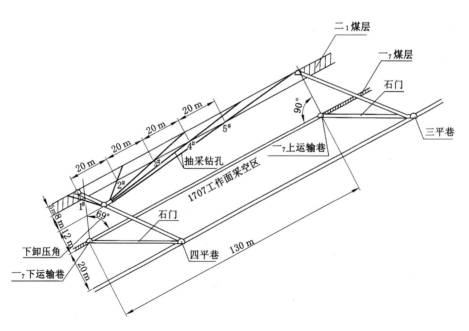

图 1-35 东翼保护层试验区抽采钻孔布置图

（2）布置参数

① 钻场布置:抽采巷沿走向每 10～15 m 布置一个抽采钻场。

② 抽采钻孔布置:沿二$_1$煤层被保护层的倾斜和走向方向作扇形布置。孔底间距为 20～28 m。

③ 抽采钻孔直径:75～110 mm。

④ 钻孔长度:试验区一$_7$煤层保护层工作面长度为 110～130 m,钻孔深度为 20～110 m。

抽采二$_1$煤层卸压瓦斯钻孔的抽采量与钻孔打入二$_1$煤层的长度有关,穿入煤层的长度越大,瓦斯抽采量越高。因此,抽采钻孔应打入煤层全厚,以提高抽采瓦斯效果。

（3）钻孔倾角

钻孔倾角决定于钻孔开孔和终孔位置,由抽采巷钻场打入二$_1$卸压煤层沿不同倾斜的终孔位置,其倾角不同,如表 1-12 所列。在抽采二$_1$上临近层瓦斯时,应遵循抽采钻孔要打入卸压角边界以里的布置原则。

表 1-12 抽采钻孔参数

抽采钻孔	钻孔倾角/(°)	抽采钻孔深度/m		全深/m
		岩孔	煤孔	
1#	40	10	8	18
2#	34	12	9	21
3#	17	27	19	46
4#	8	50	20	70
5#	4	75	30	105

（4）钻孔间距

一$_7$煤层保护层开采后采动影响的起点卸压和充分卸压范围是确定钻孔间距的依据。

① 在未受一$_7$煤层保护层采动影响即卸压前,二$_1$煤层被保护层煤层瓦斯处于原始状态,此范围的抽采钻孔由于煤层透气性系数很低,很难抽出瓦斯。

② 当一$_7$煤层保护层采过抽采钻孔 8～12 m 后,二$_1$煤层被保护层开始卸压

抽采钻孔的抽采量逐渐增高,即为开始抽出距离。

③ 当一$_7$煤层保护层采过抽采钻孔 30～40 m 时(即 1.5～2 倍层间垂距),钻孔抽采量达到最大值,此时是最佳抽采期和抽采范围,即为有效抽采距离。

④ 当一$_7$煤层保护层采过抽采钻孔 50～80 m 时钻孔抽采量逐渐衰减直到钻孔抽不出瓦斯,即为瓦斯抽采衰减距离。

为达到较好的抽采瓦斯效果,合理的钻孔间距应略小于有效抽采距离,合理的抽采钻孔间距为 15～20 m,如表 1-13 所列。

表 1-13 抽采钻孔间距

层间垂距/m	开始抽出距离/m	有效抽采距离/m	抽采衰减距离/m	合理孔距/m
20	8～12	30～40	50～80	15～20

(5) 抽采负压

抽采卸压二$_1$煤层瓦斯是在充分卸压后,煤层透气性系数成百倍、千倍的提高,因此,不需提高抽采负压,一般为 15～25 kPa 即可,负压过高会导致抽采钻孔吸入空气,降低抽出瓦斯浓度,以免影响抽采效果。

三、钻孔封孔工艺

一$_7$煤层保护层开采试验区抽采钻孔采用聚氨酯封孔工艺,聚氨酯采用两种药液,甲组药液组分比为 38%,乙组药液组分为 62%,采用聚氨酯卷缠药液的抽采管(图 1-36)。其操作程序为:将聚氨酯卷缠药液的抽采管插入抽采钻孔,5～6 min 后,甲、乙两组的混合药液开始发泡膨胀,18～30 min 停止膨胀后,将孔口用木楔固紧,防止孔口抽采管碰撞晃动。

四、抽采钻孔的孔口仪表及连接装置

孔口仪表和连接装置有:孔板流量计、放水器、闸门胶管汇总管等。当抽采钻孔完成封孔后,钻场内各钻孔与汇总管相连,通过连接装置与抽采支管连接,形成矿井瓦斯抽采系统;在抽采钻场的每个钻孔安装孔板流量计,测定钻孔的瓦斯抽采流量和瓦斯浓度。如图 1-37 和图 1-38 所示。

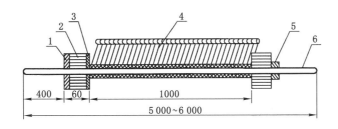

图 1-36　聚氨酯卷缠药液封孔法

1——铁挡盘;2——木塞;3——胶垫;4——毛巾布;5——铁丝;6——抽采管

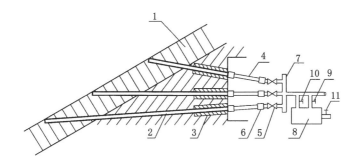

图 1-37　钻场抽采钻孔管路连接系统及放水器

1——煤层;2——钻孔;3——封孔材料;4——胶管;5——流量计;

6,9～11——阀门;7——汇总管;8——放水器

五、瓦斯抽采系统抽采管路

管径选型用下式计算:

$$D = 0.145\ 7(Q/v)^{1/2}$$

式中　D——管道内径,m;

　　　Q——管内混合流量,m^3/min;

　　　v——管内经济流速,一般取 $v=5\sim15\ m/s$。

(1)抽采支、干管路管径计算

金岭煤矿保护层卸压瓦斯抽采,每个钻场 4～5 个抽采钻孔,钻孔最大混合流量为 4.2 m^3/min,最小混合流量为 0.80 m^3/min,钻场抽采瓦斯流量为 20～30 m^3/min,最大抽采流量 30 m^3/min;按两个工作面同时抽采,最大抽放采流量

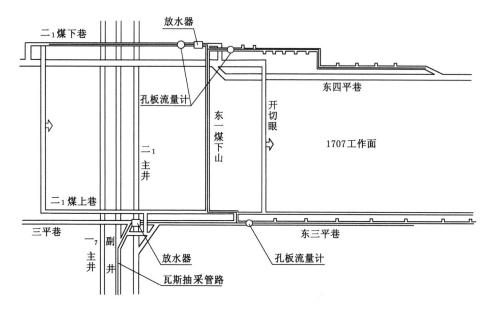

图 1-38　井下瓦斯抽采管路布置

为 2×30 m³/min。

抽采巷和回风大巷支、干管径计算：

$Q_{混} = 30$ m³/min

$D = 0.145\ 7 \times (30/15)^{1/2} = 0.145\ 7 \times 1.414 = 0.206$（m）$= 206$（mm）

选用内径 225 mm 管路。

（2）回风井主管管径计算

$Q_{混} = 30 \times 2 = 60$ m³/min

$D = 0.145\ 7 \times (60/15)^{1/2} = 0.145\ 7 \times 2 = 0.292$（m）$= 292$（mm）

选用内径 300 mm 管路。

六、管网阻力计算

以线路最长、阻力最大的一条管路阻力作为系统阻力。其计算公式如下：

$$H_i = 9.81L \cdot \Delta \cdot Q_1^2 / (KD^5)$$

式中　H_i——某 i 段管路阻力，Pa；

　　　Δ——混合瓦斯对空气的密度比，$\Delta = 1 - 0.466 \times c/100$；

L——某段管路长度，m；

c——管路内甲烷浓度，%；

Q_i——某 i 段管路的混合瓦斯流量，m^3/h；

D——瓦斯管内径，cm；

K——系数，当管路内径大于 150 mm 时 $K=0.71$。

1. 抽采巷管路阻力计算

$L_1=500$ m　　$c=40\%$　　$\Delta=0.822$　　$Q_1=30$ $m^3/min=1\ 800$ m^3/h

$D=225$ mm$=22.5$ cm　　$K=0.71$

$H_1=9.81\times500\times0.822\times1\ 800^2/(0.71\times22.5^5)=3\ 191$ （Pa）

2. 三平巷支管阻力计算

$L_2=850$ m　　$c=40\%$　　$\Delta=0.822$　　$Q_2=60$ $m^3/min=3\ 600$ m^3/h

$D=300$ mm$=30$ cm　　$K=0.71$

$H_2=9.81\times850\times0.822\times3\ 600^2/(0.71\times30^5)=5\ 148$ （Pa）

3. 回风井管路阻力计算

$L_3=1\ 300$ m　　$D=300$ mm$=30$ cm　　$\Delta=0.822$

$Q_3=60$ $m^3/min=3\ 600$ m^3/h　　$K=0.71$

$H_3=9.81\times1\ 300\times0.822\times3\ 600^2/(0.71\times30^5)=7\ 875$ （Pa）

4. 抽采管路总阻力

$H_{总}=H_1+H_2+H_3=3\ 191+5\ 148+7\ 875=16\ 214$ （Pa）$=16.21$ （kPa）

七、抽采泵选型

1. 抽采泵所需流量计算

$$Q=K_1\cdot\sum Q_{纯}/(c\eta)$$

式中　Q——泵的额定流量，m^3/min；

K_1——备用系数，取 1.2；

$\sum Q_{纯}$——最大纯瓦斯量之和（m^3/min），取 $14\times2=28$ m^3/min；

c——泵入口处的瓦斯浓度，取 40%；

η——泵的机械效率，取 0.8。

$$Q = 1.2 \times \sum Q_{\text{纯}} / (c\eta) = 1.2 \times 28/(0.40 \times 0.80) = 105 \ (\text{m}^3/\text{min})$$

2. 抽采泵负压计算

$$H = (H_{\text{总}} + H_{\text{钻}}) \cdot K_1$$

式中　　H——抽采泵压力，kPa；

　　　　$H_{\text{总}}$——抽采管路总阻力，取 16.21 kPa；

　　　　$H_{\text{钻}}$——抽采钻孔负压，取 20 kPa；

　　　　K——备用系数，取 $K = 1.2$。

$$H = (16.21 + 20) \times 1.2 = 43.45 \ (\text{kPa})$$

$$真空度 = 43.45/101.3 \times 100\% = 43\%$$

3. 泵的选型

根据抽采泵所需流量（Q）与负压（H）选用 2BEI403-0 型水环式真空泵 2 台，其中 1 台备用。

4. 瓦斯泵附属装置

（1）瓦斯泵的管路配置包括入口管路、阀门、放空管和循环管。

（2）瓦斯泵的附属设备有放水器，防爆、防回火装置，孔板流量计，压力测定装置，采样孔和气水分离器等。

八、抽采卸压瓦斯量及其变化规律

（1）西翼 1708 工作面试验区 14[#]～30[#] 钻场抽采瓦斯量、抽采瓦斯量抽采参数见表 1-7。

从 2004 年 7 月 8 日至 2004 年 12 月 19 日共 164 d 共抽采瓦斯 202.577 8 万 m³。

$$吨煤瓦斯抽采量 = 2\,025\,778/249\,480 = 8.12 \ (\text{m}^3/\text{t})$$

$$抽采率 = 2\,025\,778/3\,492\,720 = 58\%$$

$$残余瓦斯含量 = 14 - 8.12 = 5.88 \ (\text{m}^3/\text{t})$$

该值较由残余瓦斯 0.5 MPa 计算的残余瓦斯含量 6.26 m³/t 基本相符。

（2）钻场各钻孔抽采量与一₇ 煤层保护层工作面距离关系。

东翼 1707 工作面试验区 15[#] 钻场布置 5 个抽采钻孔，各钻孔瓦斯抽采量与 1707 工作面距离的关系如表 1-14 所列。

表 1-14　　　　　　　　　　　　东翼 15[#] 钻场各钻孔抽采参数

钻孔	钻孔流量/(m³/min)										
	距一₇工作面距离/m										
	−10	10	20	30	40	50	60	70	80	90	100
1[#]	0.001	0.18	0.56	0.86	0.28	0.12	0.11	0.10	0.05	0.02	
2[#]	0.0015	0.22	0.69	1.12	0.79	0.55	0.38	0.30	0.18	0.12	0.05
3[#]	0.0018	0.36	0.92	1.46	1.70	0.80	0.40	0.25	0.12	0.10	0.10
4[#]	0.002	0.28	1.04	1.25	1.28	0.89	0.56	0.28	0.2	0.12	0.11
5[#]	0.0016	0.42	0.95	1.40	1.10	0.60	0.40	0.25	0.22	0.15	0.12

西翼 1708 工作面试验区 17[#] 钻场布置 5 个抽采钻孔；27[#] 钻场布置 4 个抽采钻孔，各钻孔瓦斯抽采量与 1708 工作面距离的关系如表 1-15 和表 1-16 所列。

表 1-15　　　　　　　　　　　　西翼 17[#] 钻场各钻孔参数

钻孔	钻孔流量/(m³/min)										
	距一₇工作面距离/m										
	−10	10	20	30	40	50	60	70	80	90	100
1[#]	0.001 6	0.24	0.68	0.72	0.31	0.20	0.16	0.10	0.06	0.02	
2[#]	0.001 2	0.30	0.72	1.15	0.86	0.60	0.42	0.20	0.18	0.08	
3[#]	0.001 2	0.40	1.2	1.60	1.80	0.46	0.22	0.18	0.18	0.11	
4[#]	0.001 5	0.32	1.18	0.76	0.62	0.45	0.28	0.10	0.10	0.05	
5[#]	0.001 5	0.40	0.89	1.20	0.75	0.50	0.36	0.20	0.18	0.12	

表 1-16　　　　　　　　　　　　西翼 27[#] 钻场各钻孔参数

钻孔	钻孔流量/(m³/min)										
	距一₇工作面距离/m										
	−10	10	20	30	40	50	60	70	80	90	100
1[#]	0.004	0.89	0.45	0.40	0.20	0.18	0.10	0.06			
2[#]	0.006	0.12	1.18	1.28	0.89	0.60	0.42	0.20			
3[#]	0.003	0.14	1.00	1.30	0.68	0.45	0.32	0.16			
4[#]	0.001	0.21	1.20	1.80	0.70	0.36	0.30	0.18			

（3）西翼各钻孔和钻场抽采流量测得较完整的抽采瓦斯过程，即从未卸压、开始卸压、卸压增长、充分卸压、卸压衰减到顶板岩层压实，再到煤岩再平衡的抽采瓦斯过程。如表 1-17 所列。

表 1-17　　　　　　　　西翼钻场参数

钻孔	钻孔流量/(m³/min)										
	距一₇工作面距离/m										
	—10	10	20	30	40	50	60	70	80	90	100
17#		1.8～2.6	14	18	13.8	8	4.8	2.5	1.2	0.8	0.018
27#	0.007	2	5.1	16	1.6	8.20	5.20	3.80	2.60	2.3～1.0	0.6～0.2

① 15#、17#、27# 钻场在未卸压区范围瓦斯流量很低，仅 0.001 2～0.001 6 m³/min。

② 当 1707 工作面和 1708 工作面采过钻场，钻场各抽采钻孔和钻场抽采流量开始快速提高，钻孔抽采流量提高到 0.2～0.6 m³/min，钻场抽采流量提高到 1～2 m³/min。

③ 当保护层工作面采过钻场 30～40 m 处，即为层间垂距 1.2～2 倍，钻孔抽采流量达到最大值 1.8 m³/min，钻场抽采流量达到 16～18 m³/min。

④ 当保护层工作面采过钻场 50～100 m 后，抽采流量逐渐衰竭。

九、抽采卸压瓦斯的作用及规律

1. 抽采卸压瓦斯的作用

金岭煤矿已将一₇煤层保护层开采结合卸压二₁煤层瓦斯抽采作为一项重要的综合性区域防突措施。

抽采卸压瓦斯有以下方面的作用：

（1）一₇煤层保护层与二₁煤层保护层垂直层间距 21.53 m，属中距离保护层，但一₇煤层厚度小于 0.5 m，层间有 7～7.5 m 厚的坚硬石灰岩，是影响一₇煤层采动后瓦斯排放、残余瓦斯压力高的主要因素。当进行瓦斯抽采后，可提高卸压瓦斯煤层瓦斯排放量和加速降低残余瓦斯压力及瓦斯含量,起到扩大保护层开采的保护作用。

(2)保护层开采后,二$_1$煤层被保护层卸压,层间岩层和煤层产生裂隙,煤层透气性增高,卸压的煤层瓦斯会通过卸压产生的层间裂隙向抽采巷和保护层工作面大量排放瓦斯,引起巷道和工作面瓦斯超限,将产生重大安全隐患。通过抽采卸压瓦斯,可降低保护层开采过程中瓦斯涌出量,并扩大保护层的层间保护作用。

(3)抽采卸压瓦斯不仅可降低二$_1$突出煤层瓦斯压力、瓦斯含量及瓦斯潜能,而且通过一$_7$煤层保护层的卸压抽采后可提高二$_1$煤层的坚固性系数,f值由0.12提高至0.92,增高了近8倍,提高了突出煤层的煤结构强度,即增高了煤层抗突出性能。因富含瓦斯的煤层,大多属于松软的极低强度煤层,由于煤层吸附瓦斯后,其内聚力、摩擦因数、抗剪强度大大降低了煤的强度,当煤体吸附瓦斯排放后,提高了煤体的内聚内、摩擦因数和抗剪强度,使煤体强度得到了提高。

2.抽采卸压瓦斯应掌握的规律

(1)开采保护层的保护作用是卸压和抽采瓦斯的综合作用。低透气性突出煤层在不具备卸压条件时是很难抽采瓦斯的,只有突出煤层在卸压作用下,使煤层膨胀变形,煤层透气性系数增高,方能提高煤层瓦斯抽采量。

(2)被保护层在保护层采动影响下,由开始卸压到充分卸压以及岩体压力又平衡的阶段,是决定被保护层抽采效果的主要影响因素。上述三个阶段在时间和空间上瓦斯排放规律与保护层工作面与抽采钻孔的距离以及保护层推进速度密切相关,从对保护层保护范围的考察结果中,已印证了这一规律性。为此,在抽采卸压煤层瓦斯时,应掌握这一规律,方可取得良好的抽采效果。

第七节　抽采瓦斯利用

金岭煤矿从2005年开始将抽采瓦斯全部利用于发电、烧锅炉和民用,达到100%利用。

一、抽采瓦斯发电

2005年矿建成瓦斯电厂,安装6台500 kW发电机组,每年利用抽采瓦斯发电 800 万 kW·h 以上,按并网电价 0.75 元/(kW·h)进行计算,年创效益 600 万元以上。

二、锅炉利用瓦斯

矿井安装一台 4 t 瓦斯锅炉,用于矿井澡堂、食堂用气、冬季取暖,每年可节省燃煤 3 000 t,年创效益 210 万元。

三、民用瓦斯

矿井食堂和驻矿家庭利用瓦斯年节省燃煤约 500 t,可节约 35 万元。

四、节能减排效益

矿井抽采瓦斯全部被利用,每年可减少碳排量 10 多吨,降低温室气体排量,减少了大气污染。金岭煤矿矿井瓦斯利用已获得国家发展和改革委员会审批,在联合国注册成功,并与英国瑞碳投资咨询有限公司进行瓦斯利用项目的国际合作,每年获得减排温室气体资助资金 400 万元以上。

第八节　保护层作用机理及效果

一、保护层作用机理

1. 防止突出作用原理

保护层开采后,被保护层的应力、变形、瓦斯动力等参数发生较大变化,其参数变化次序为:

开采保护层→岩层移动变形→地应力下降→被保护煤层卸压产生膨胀变形→煤层透气性系数增加→瓦斯解吸→钻孔瓦斯流量增加→瓦斯排放量增大→煤层瓦斯压力降低→煤层应力进一步降低→煤层瓦斯含量减小→煤层力学强度提高。

以上参数变化,说明保护层的保护作用是卸压和排放瓦斯的综合作用,而开采保护层后的卸压起到了参数变化的最主要和决定性作用。只要被保护层起到卸压作用,煤体结构、瓦斯压力、瓦斯含量、煤层透气性系数等主要参数便会发生以上的变化。这些参数的变化都会降低或消除煤层突出危险性。

2. 保护作用机理

一,煤层下保护层开采后,在顶板岩层中形成采空区,破坏了原岩应力平衡,地应力重新分布,岩体向采空区方向移动,发生顶板垮落、下沉,底板鼓起等现象,围岩体发生卸压、膨胀,同时产生大小不同的裂缝。由于地应力下降,引起煤岩透气性系数增大,使得瓦斯流量增大,产生了"卸压增流效应"。瓦斯的排放,引起煤层瓦斯压力的下降和瓦斯含量的减小,从而使煤层瓦斯潜能降低,突出危险性减小甚至消除。瓦斯的排放使煤的坚固性系数增高,使煤抵抗突出的性能增大,阻止突出的发生。这一系列变化起因于岩、煤层的变形和移动,变形与移动越大,卸压越充分,保护效果也越好。在保护作用中,卸压作用是引起其他变化的基础与决定因素。

二、保护层作用效果

1. 煤巷掘进

东翼 21011 工作面运输平巷($+180$ m)在原始二$_1$煤层中掘进,2004 年 1～7 月采用防突措施掘进 200 m,月平均掘进速度 28.6 m,掘进时瓦斯涌出量 1.28 m^3/min;在 1707 工作面采过二$_1$煤层受到保护区域中掘进,月掘进速度 85～95 m,掘进时瓦斯涌出量 0.53 m^3/min。

西翼新 21021 工作面运输平巷($+165$ m)在原始二$_1$煤层中掘进,采用防突措施,月掘进速度 65 m,掘进时瓦斯涌出量 1.49 m^3/min;在 1708 工作面采过二$_1$煤层受到保护区域中掘进,月掘进速度 105～120 m,掘进时瓦斯涌出量 0.19 m^3/min。

2. 工作面回采

东翼 21011 工作面 2004 年 1～7 月在未受到保护范围内回采二$_1$煤层时,工作面长 130 m,单产 13 806 t/月,平均月推进 28.6 m,绝对瓦斯涌出量 7.55 m^3/min,相对瓦斯涌出量 16.87 m^3/t。在 1707 工作面采过二$_1$煤层受到保护区域回采,月原煤产量 18 475 t,月推进 35 m,绝对瓦斯涌出量 3.75 m^3/min,相对瓦斯涌出量 8.77 m^3/t。

在西翼,保护层 1708 工作面采过二₁煤层受到保护区域的新 21021 工作面,工作面长 105 m,2005 年 8 月推进 50 m,月产量 20 832 t,绝对瓦斯涌出量 3.45 m³/min,相对瓦斯涌出量 7.39 m³/t。在未受到保护区域的 21021 工作面,工作面长 136 m,单产 20 100 t/月,月推进 36 m,绝对瓦斯涌出量 6.99 m³/min,相对瓦斯涌出量 14.8 m³/t。

二₁煤层在开采保护层前后技术指标对比如表 1-18 所列。

表 1-18　　　　　　　　二₁煤层在开采保护层前后技术指标对比

翼别	二₁煤层是否受到保护	掘进		回采					
		掘进速度/(m/月)	瓦斯涌出量/(m³/min)	月进度		瓦斯涌出量		回风	
				单产/(t/月)	推进速度/(m/月)	绝对/(m³/min)	相对/(m³/t)	风量/(m³/min)	瓦斯浓度/%
东翼	21011 面回采未受到保护	60 (21011 下巷掘进)	1.28 (21011 下巷掘进)	13 806 (2004 年 1～7 月)	28.6 (2004 年 1～7 月)	7.55 (2004 年 1～7 月)	16.87	944	0.9
	21011 面回采受到保护	85～95 (21011 下巷掘进)	0.53 (21011 下巷掘进)	18 475 (21021 采面)	35 (2005 年 5 月)	3.75 (2005 年 5 月)	8.77	750	0.5 (2005 年 5 月)
西翼	21021 面回采未受到保护	60～70 (21021 下巷掘进)	1.49 (21021 下巷掘进)	20 400	36	6.99	14.8	907	0.8～0.9
	21021 面回采受到保护	105～120 (新 21021 下巷掘进)	0.19 (21021 下巷掘进)	20 832 (2005 年 8 月)	50 (2005 年 8 月)	3.45 (2005 年 8 月)	7.39	689	0.4～0.5 (2005 年 8 月)

被保护区与未被保护区二₁煤层回采期间瓦斯涌出量对比如下:

(1) 受 1708 工作面回采保护并抽采二₁煤层卸压瓦斯区域

从图 1-39 可知,工作面回风流瓦斯浓度在 0.35%～0.65%,平均为 0.45%,大大低于《煤矿安全规程》规定的安全上限 1.0%。

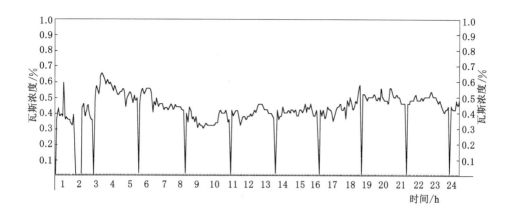

图 1-39 被保护范围内 21021 工作面回风流瓦斯浓度曲线图(2005 年 4 月 10 日)

(2) 未受 1708 工作面回采保护区

从图 1-40 可知,工作面回风瓦斯浓度在 0.8%～1.4%,平均为 0.9%。平时略低于《煤矿安全规程》规定的安全上限 1.0%,有时(15 时和 18 时 30 分两次)超过 1.0%,达到 1.4% 和 1.05%。

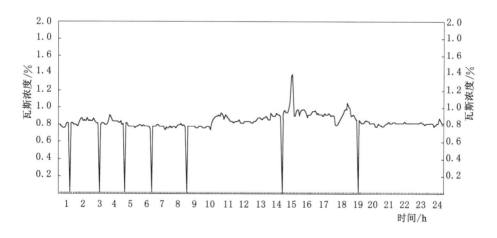

图 1-40 未保护区 21021 工作面风流中瓦斯浓度曲线图(2004 年 1 月 6 日)

从图 1-41 可知,工作面回风瓦斯浓度在 0.8%～1.1%,平均为 0.9%。平时略低于《煤矿安全规程》规定的安全上限 1.0%,有时(15 时和 18 时 20～30 分两次)超过 1.0%,达到 1.1% 和 1.05%。

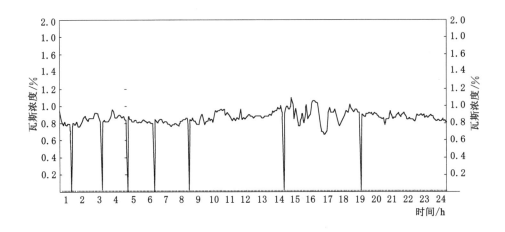

图 1-41　未受保护区 21011 工作面回风流中瓦斯浓度曲线图(2004 年 1 月 6 日)

本 章 小 节

经过 3 年的试验研究,可得出如下结论:

(1) 开采一$_7$煤层作为二$_1$煤层的下保护层是必要的、可行的和有效的。

(2) 试验结果表明,开采一$_7$煤层同时抽采二$_1$煤层卸压瓦斯,不仅可使二$_1$煤层突出危险区变为无突出危险区而且还可以变为低瓦斯区,实现两个煤层(一$_7$煤层和二$_1$煤层)安全开采和煤与瓦斯两种资源共采,资源得到合理开发和充分利用。实现可持续发展,抽采的瓦斯实现了发电与民用,并减少了大气污染和温室效应,获得了显著的经济效益和社会(含安全、环境)效益。

(3) 一$_7$煤层保护层厚度 0.4～0.6 m,顶板为 7～7.5 m 石灰岩,坚硬厚层顶板。通过考察一$_7$煤层保护层开采后在工作面后方 10 m 的初始卸压点到工作面后方 30～40 m(是与二$_1$煤层的层间垂距 1.5～2.0 倍)产生最大卸压带,此带二$_1$煤层最大膨胀变形率达到 5.3‰～7.45‰,煤层透气性系数提高 880 倍以上。证实一$_7$煤层保护层在该条件下开采后,二$_1$煤层被保护煤层能够得到良好的卸压效果,进而达到较好的防突保护作用。

(4) 极薄一$_7$煤层开采时,对坚硬厚层石灰岩顶板采用缓慢下沉法的顶板管理是合理的、可行的、有效的,开采一$_7$煤层同时抽采二$_1$煤层卸压瓦斯,可使二$_1$

煤层瓦斯压力在西翼由 1.74 MPa 降低到 0.5 MPa,在东翼由 1.29 MPa 降低到 0.4 MPa,都低于《防治煤与瓦斯突出规定》规定的突出危险临界值 0.74 MPa;并使二$_1$煤层瓦斯抽采率达到 50% 以上,高于《煤矿安全规程》规定的消除煤层突出危险的瓦斯抽采率(30%);煤层瓦斯含量西翼由 15.10 m^3/t 降低到 6.26 m^3/t,东翼瓦斯含量由 12.59 m^3/t 降低到 5.30 m^3/t,也都低于《防治煤与瓦斯突出规定》第 43 条规定的临界值 8 m^3/t。在保护范围内掘进煤巷和回采煤炭,都没有发现任何瓦斯动力现象和瓦斯异常涌出,验证了开采一$_7$煤层同时抽采二$_1$煤层卸压瓦斯的防突效果。

(5) 开采一$_7$煤层同时抽采二$_1$煤层卸压瓦斯,可使二$_1$煤层掘进速度由 60～70 m/月提高到 85～120 m/月;掘进巷道瓦斯涌出量由 1.28～1.49 m^3/min 降低到 0.19～0.53 m^3/min;采煤工作面推进速度由 28.6 m/月提高到 35～50 m/月;绝对瓦斯涌出量由 6.99～7.55 m^3/min 降低到 3.45～3.75 m^3/min;相对瓦斯涌出量由 14.8～16.87 m^3/t 降低到 7.39～8.7 m^3/t;采煤工作面回风流平均瓦斯浓度由 0.85%～0.95% 降低到 0.5% 以下,消除了瓦斯浓度超限现象,社会效益和经济效益非常显著。

参 考 文 献

[1] (苏)切尔诺夫,(苏)罗赞采夫.瓦斯突出危险煤层井田的准备[M].宋世钊,于不凡,译.北京:煤炭工业出版社,1980:296-302.

[2] (英)HOUGHTON J.全球变暖[M].戴晓苏,等,译.北京:气象出版社,1998.

[3] 国家安全生产监督管理总局,国家煤矿安全监察局.煤矿安全规程[M].北京:煤炭工业出版社,2016.

[4] 国家安全生产监督管理总局,国家煤矿安全监察局.防治煤与瓦斯突出规定[M].北京:煤炭工业出版社,2009.

[5] 林柏泉.矿井瓦斯防治理论与技术[M].徐州:中国矿业大学出版社,1998.

[6] 于不凡.煤矿瓦斯灾害防治及利用技术手册[M].北京:煤炭工业出版社,2005.

[7] 俞启香.矿井瓦斯防治[M].徐州:中国矿业大学出版社,1992.

[8] 中国矿业学院瓦斯组.煤和瓦斯突出的防治[M].北京:煤炭工业出版社,1979:222-232.

第二章 煤巷掘进瓦斯压力场
实测的研究

第一节 矿 井 概 况

磴槽煤矿隶属郑州市磴槽集团有限公司,矿井井田位于登封煤田新勘探区中段,在登封市大金店镇辖区内。煤巷掘进工作面瓦斯压力场的实测研究工作是在磴槽煤矿进行的。

磴槽煤矿开采二$_1$煤层和一$_3$煤层,二$_1$煤层平均厚度 4.05 m,一$_3$煤层平均厚度 0.7 m,煤层倾角 28°。井田内地质构造简单,为单斜双翼下山开拓方式,井田内开拓 5 条斜井,分别为主斜井、副斜井、辅助斜井、东风井和西风井。井下八、九、十运输大巷布置在 L$_7$灰岩下部。

矿井通风方法为抽出式,通风方式为两翼对角式,东西两翼设有专用回风井,实行分区通风。

磴槽煤矿为煤与瓦斯突出矿井,二$_1$煤层属瓦斯突出煤层,始突标高 +175 m,共发生过 3 次煤与瓦斯突出,最大突出强度 1 115 t,其中突出煤 750 t,岩石 365 t,喷出瓦斯量 4.6 万 m^3。矿井实测二$_1$煤层瓦斯压力 0.82~2.86 MPa。

二$_1$煤层瓦斯参数如表 2-1 所列。

表 2-1　　　　　　　　　　煤层瓦斯参数测定表

项　目	水平标高、煤层开采深度/m				
	+175　305	+126　354	+75　405	+0　485	−100　581
瓦斯压力/MPa	0.82	1.08	1.50	1.85~2.25	1.86
瓦斯含量/(m³/t)	12.65	14.68	16.98	20.78	21.79
f	0.17	0.16	0.13	0.21	0.11
Δp	30.60	29.00	23.00	21.00	23.00
$a/(\text{m}^3/\text{t})$	32.092 5	33.557	34.04	38.759 7	29.743 2
b/MPa^{-1}	0.864 15	0.079	0.50	0.521 1	0.883 1
$\lambda/[\text{m}^2/(\text{MPa}^2 \cdot \text{d})]$	—	—	0.053 8	0.059 1	0.031 5
煤的瓦斯含量系数 α /[m³/(m³ · MPa^{0.5})]	19.56	19.78	20.30	—	15.88
煤的突出危险性 综合指标 D	0.84	4.62	15.48	14.00	38.81
煤的突出危险性综 合指标 $K=\Delta p/f$	180	181	177	100	209

第二节　3#石门煤与瓦斯突出

一、概况

磴槽煤矿在矿井东采区第二水平十平巷开拓石门与 2301 采煤工作面贯通，形成工作面运输系统，如图 2-1 和图 2-2 所示。为降低煤巷维修量，由十平巷自东向西每隔 80 m 开一石门与工作面下平巷贯穿。

1#石门由工作面开切眼煤巷贯通，未进行石门揭煤，2#、3#石门以石门揭煤的工序贯穿煤层。2#石门安全揭开二₁煤层后 2 h，3#石门进行石门揭煤，发生大强度瓦斯突出。

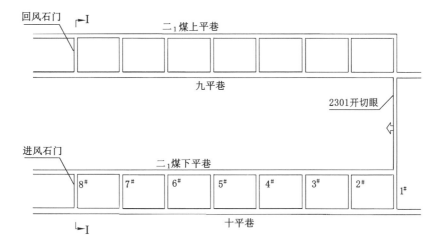

图 2-1 二₁煤 2301 工作面

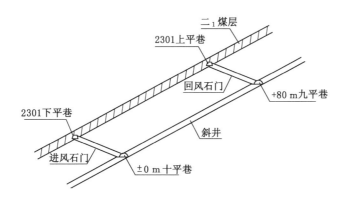

图 2-2 Ⅰ—Ⅰ剖面图

二、3# 石门大强度煤与瓦斯突出

1. 2# 石门揭煤的防突措施

2# 石门揭煤防突措施采用煤层突出危险性预测、防突措施效果检验、多排钻孔排放瓦斯、金属骨架支护和震动爆破揭穿煤层的综合防突措施。

2# 石门距煤层垂距 5 m,打钻测得瓦斯压力 1.85 MPa,瓦斯含量 19.85 m³/t;石门距煤层垂距 2~5 m,打 25~40 个多排瓦斯钻孔,经排放瓦斯后,瓦斯压力、钻屑解吸指标、钻孔瓦斯涌出初速度检验指标均低于《防治煤与瓦斯突出规定》的指标临界值。当石门掘进到距煤层最小垂距 1.5 m 时进行了震动爆破,共布置 38 个炮眼、装药 52 kg,爆破后安全揭开二₁煤层。

2. 3#石门连续进行石门揭煤

在 3#石门揭煤前,也采用煤层突出危险性预测、多排钻孔排放瓦斯、防突措施效果检验等措施。

(1) 多排钻孔排放瓦斯措施(图 2-3)如下:

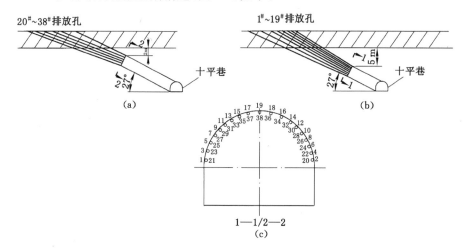

图 2-3 3#石门瓦斯钻孔排放图

(a) 20#～38#排放孔;(b) 1#～19#排放孔;(c) 1—1/2—2 剖面图

① 当石门掘至距二₁煤层垂距 5 m 时,打第一排 19 个排放钻孔,钻孔均穿透全煤层厚度。钻孔直径 110 mm。

② 石门掘至距二₁煤层垂距 2 m 时,再打第二排 19 个排放钻孔,钻孔超前石门揭煤导硐 5 m 范围。

(2) 采用复合指标法检验防突措施效果,当第二排排放钻孔打完后 2 d,测定钻孔瓦斯涌出初速度和钻屑量指标,在石门内打 3 个检验孔,$q=3.8～4.5$ L/min、$s=4.9～5.1$ L/m,均低于临界值。

(3) 采用震动爆破导硐,揭开全断面煤层(图 2-4 和图 2-5)。3#石门掘至距煤层垂距 1.5 m 时平行煤层底板掘 6 m 导硐,导硐完成后,由导硐顶部打大直径钻孔,用 ϕ50 mm 钢管穿入煤层,作为煤层揭煤后的骨架支护,预防揭煤后导硐顶部煤层塌陷。

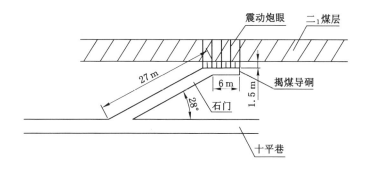

图 2-4　2# 石门揭煤图

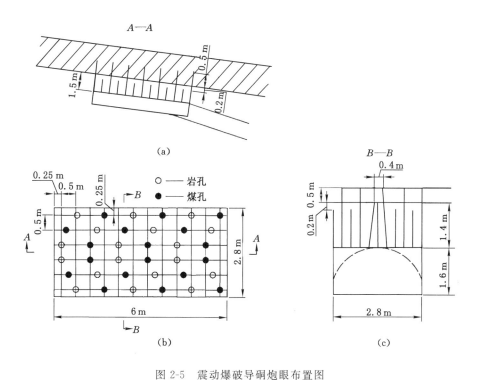

图 2-5　震动爆破导硐炮眼布置图

(a) A—A 剖面图;(b) 炮眼布置平面图;(c) B—B 剖面图

(4) 震动爆破措施(图 2-5):在震动爆破导硐布置 36 个炮眼,其中 18 个煤孔, 18 个岩孔。如图 2-5 所示,煤孔打入煤层 0.5 m,岩孔孔底距煤层 0.1 m,导硐炮眼采用岩孔与煤孔相间排列。3# 石门震动爆破装药量与 2# 石门相同。震动炮眼爆破实行地面远距离爆破,井下人员全部撤到地面。爆破后发生煤与瓦斯突出。

三、3#石门大强度突出情况

3#石门突出煤量 750 t,岩石 365 t,总计 1 115 t 煤岩,喷出瓦斯量 4.6 万 m³。3#石门揭煤范围煤体在高应力作用下,煤体被破碎,其吸附瓦斯急剧解吸,解吸瓦斯快速膨胀,加剧煤的破碎和抛出,被破碎的粉煤具有很高的能量,抛出 300 m 以上距离,瓦斯逆流达到 2 000 m 以上,瓦斯逆流由进风大巷到主井、副井直至地面,逆流时间长达 8 个多小时。

四、3#石门煤与瓦斯突出的分析

(1) 十平巷 1#石门未进行石门揭煤,由 2301 采煤工作面开切眼向下掘进落平后与 1#石门贯通。在 2301 下平巷由 1#石门向 2#石门掘进前,先在 2#石门施工多排钻孔排放瓦斯防突措施,经效果检验合格后进行石门揭煤,采取震动爆破揭煤措施,安全揭开二₁煤层,但震动爆破产生的强大爆破力,使爆破工作面及其邻近区域煤岩体的地应力和瓦斯压力发生了重大变化。

(2) 在震动爆破的外力作用下,被揭煤体中及其邻近区域的地应力状态发生突然改变。震动爆破产生的高压冲击力,在 2#石门揭煤的邻近区域,高能爆破压力破坏了煤层应力分布。爆破所产生压力,使煤体发生压缩变形,并产生集中应力区的重新分布,而且由集中应力区造成煤体压缩带的扩大,为 3#石门的大强度突出准备好了必要条件。这种解释所依据的事实是:3#石门瓦斯突出及震动爆破产生的爆破压力也同样地扩至 4#石门范围的煤层。4#石门原测定的瓦斯压力一直保持在 2.1 MPa,当 3#石门震动爆破并发生突出后,人们发现 4#石门煤层的瓦斯压力升至 3.2 MPa,升高了 1.1 MPa。

2#石门与 3#石门的瓦斯地质条件、防突措施及其效果检验结果虽然相同,但 2#石门揭煤震动爆破前包括 1#石门在内的邻近区域没有采取过震动爆破,故而这里没有震动爆破产生的附加地应力与瓦斯压力,不具备突出条件;而 3#石门震动爆破前却遗留有较高的 2#石门揭煤震动爆破产生的附加地应力与瓦斯压力,使叠加后地应力与瓦斯压力处于突出危险状态,正是这个不同的条件在 3#石门揭煤震动爆破时诱导出大突出。

(3) 大强度瓦斯突出的主要原因是被揭煤体具有较高的地应力和瓦斯压力。

① 2301 采煤工作面已延伸至深部,二₁ 煤层的原始瓦斯压力和瓦斯含量较高(瓦斯压力 1.85～2.25 MPa,瓦斯含量已达 20.78～21.79 m^3/t),由于石门揭煤采用了震动爆破工艺技术,爆破冲击压力又使煤体产生并叠加了更高的地应力和瓦斯压力,从而提高了煤与瓦斯突出的内在动力。

② 在石门揭煤震动爆破外力作用下,3$^\#$ 石门周边岩层和煤层的弹性潜能迅速释放,但在其煤层深部区域产生压缩变形,这时,煤体中孔隙和裂隙瓦斯压力急速升高。极高的瓦斯压力梯度急速破碎煤体,激发煤与瓦斯突出。

(4)震动爆破后煤体变形和瓦斯压力的变化如下:

① 震动爆破突出时,在揭煤工作面不同距离产生瓦斯压力的降低和增高,煤体重新出现三个带,三个带范围有不同程度的扩大。根据突出矿井实测研究资料[1],震动爆破引起突出后的卸压带(破碎带)由未引起突出时的 5～8 m 扩至 5～10 m,压缩带的集中应力带由未引起突出时的 2～12 m 扩至 5.5～19.5 m。

② 震动爆破后煤体发生较大变形,根据突出矿井实测研究资料[2],在震动爆破后极短时间内(大部分情况下均小于 1 s,在个别情况下达到 37.3～60 s)煤层变形为脉冲或平缓式的,而且在整个突出过程中能改变符号。煤层最大压缩量为 1.3～2.6 MPa,变形量可达 6.2～12 mm,按变形计算的应力增长速度可达 2～2 MPa/s。变形的全部变化时间只有数十秒,很少超过 1 min。瓦斯压力开始变化的时间,相应地滞后于煤层开始变形改变符号,即煤层开始膨胀变形时,瓦斯压力下降,瓦斯压力变化一般为几秒,最短 0.01～0.4 s,最长 2 min。

③ 3$^\#$ 石门震动爆破揭煤及突出后,随着煤层变形,将引起瓦斯压力的变化,即爆破后在短时间内由煤体发生膨胀变形、瓦斯压力下降,随后在工作面前方深处的较大范围引起 4$^\#$ 石门二₁ 煤层产生压缩变形,即瓦斯压力由 3$^\#$ 石门震动爆破引发突出前测定的 2.1 MPa 升至 3.2 MPa。

五、3$^\#$ 石门瓦斯突出的教训

(1)2$^\#$ 石门震动爆破揭煤后,揭煤工作面前方深部区域产生较高的应力压缩带和高瓦斯压力带。2$^\#$ 石门震动爆破后 2 h 就在 3$^\#$ 石门进行震动爆破揭煤,产生了大强度瓦斯突出,由此不可再连续进行石门揭煤。

(2)磴槽煤矿煤层开采延深到第二水平,地应力、瓦斯压力、瓦斯含量均呈

上升趋势,已达到严重突出危险水平,不宜过多石门揭煤。

(3)改变巷道掘进程序,在加强采取煤巷掘进综合防突措施基础上,先掘煤巷再由石门贯通,可避免石门揭煤。

第三节　煤巷掘进工作面瓦斯压力场实测

一、煤巷掘进瓦斯压力场实测条件

3#石门发生大强度突出后,为避免石门频繁揭煤发生瓦斯突出,先掘煤巷再由石门贯穿煤巷。这一巷道掘进次序的改变为煤巷掘进工作面测定瓦斯压力场创造了条件。

石门揭煤扩大了煤层地应力和瓦斯压力异常区域的变化,在较大区域内存在高应力、高瓦斯压力,在此区域进行采掘作业,极易发生煤与瓦斯突出,对矿井安全造成威胁。因此,测定与研究煤层瓦斯压力分布对制定防止突出措施有着重要的指导作用。

二、测压方法与钻孔布置

1. 瓦斯压力测定方法

采用中国矿业大学研制成功的胶圈—压力黏液封孔器测定煤层瓦斯压力。该封孔装置可加大封孔长度,封孔深度11～20 m;可将黏液压入岩煤钻孔周围裂隙,提高黏液的堵漏密封效果,封孔黏液长度3～5 m;可采用主动测压法即利用封孔器充气口将高压气压入钻孔周围煤体内,预充气压力略低于或高于预计的煤层瓦斯压力,预充气可补偿测压孔施工期间煤体的瓦斯流失,较快实现与煤层瓦斯压力平衡,这样可缩短测压时间。

2. 测压孔布置

(1)2#、3#石门的2#、3#测压孔与石门垂直,穿透全煤层。

(2)4#～8#石门掘至距煤层5 m时,4#～8#测压孔布孔与石门呈45°,打入煤层全厚,测压孔孔底距石门5 m(图2-6)。这一布置方式能确保煤巷掘到石门位置时,每个测压孔能继续测定压力孔的压力变化。测定结果如表2-2所列。

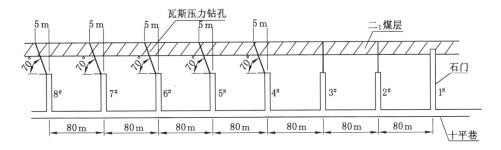

图 2-6　石门瓦斯压力钻孔布置图

表 2-2　　　　　　　　瓦斯压力钻孔与掘进工作面距离实测值

孔号	测量因素	实测值											
4# 钻孔	与工作面距离/m	40	36	23	20	15	12	9	8	6	5		
	瓦斯压力/MPa	3.2	3.2	3.6	4.1	4.3	4.5	3.8	2.5	0.8	0		
5# 钻孔	与工作面距离/m	40	30	27	25	3	18	15	11	10	9	7	6	5
	瓦斯压力/MPa	2.3	2.3	2.3	2.7	3	3.2	3.3	3.8	3.10	2.5	1.6	0.8	0.3
6# 钻孔	与工作面距离/m	40	33	29	25	20	18	15	12	10	8	7	6	5
	瓦斯压力/MPa	2.35	2.35	2.35	2.8	3.10	3.50	3.75	3.90	3.10	2.10	1.30	0.8	0.4
7# 钻孔	与工作面距离/m	50	42	36	31	21	15	12	11	10	8	6	5	
	瓦斯压力/MPa	2.23	2.23	2.23	3.1	3.3	3.6	2.6	1.9	1.2	0.8	0.6	0.2	
8# 钻孔	与工作面距离/m	45	33	29	25	20	16	12	10	8	7	6	5	
	瓦斯压力/MPa	2.16	2.16	2.16	2.70	3.40	3.50	3.50	3.10	2.20	1.6	0.70	0.40	

第四节　煤巷掘进工作面瓦斯
压力场与应力场的分布

一、瓦斯压力场与地应力场的关系

（1）煤体内存在地应力（包括自重应力、地质构造应力和采动应力）、瓦斯压力。地应力在空间的分布称为地应力场，地应力场是自然力场，由自重应力场、构造应力场和采动应力场组成。在煤层中，瓦斯压力场也是存在于煤层中的自然力场,瓦斯压力在每一个点不具有方向性,瓦斯压力属流体压力,力的作用各向同性、各向均等。煤体内自重应力、地质构造应力和采动应力是不相等的,各有大小,方向也不相同。

(2)瓦斯压力场与地应力场存在密切的联系,地应力场对瓦斯压力场起控制作用,煤层中高地应力决定了煤层的高瓦斯压力,从而使产生的高地应力达到破坏煤体的作用。地应力大小又决定着煤层透气性系数大小,当应力增高时,煤层产生压缩变形,煤层透气性系数降低,成为低透气性煤层,使采掘工作面前方的煤体瓦斯难以排放,形成很高的瓦斯压力梯度。

地应力大小决定着瓦斯压力的大小,当地应力随着采掘过程发生变化时,瓦斯压力也将随之变化。采掘工作面前方的破碎带(卸压带),地应力降低,瓦斯压力也随之降低,在应力集中带内,瓦斯压力急剧增高。

(3)瓦斯压力场与地应力场的关系主要表现在瓦斯压力变化和瓦斯压力值。当掘进工作面前方煤体内形成较高的应力集中,急剧增加了地应力梯度,使煤体内积聚了较大的变形能量,由于煤体的应力增高,煤层压缩变形,煤层内的孔隙被压缩,使瓦斯压力增高,瓦斯内能增大,为煤与瓦斯突出创造了条件。

因此,运用瓦斯压力场与地应力场的有机联系,采用测定煤层瓦斯压力的方法,当煤巷掘进工作面在向测压钻孔推进时,测定煤巷掘进工作面前方不同距离的瓦斯压力,用其分布确定煤层应力分布。

二、煤巷掘进工作面瓦斯压力场分布

煤巷掘进工作面向 4#～8# 测压孔掘进时,测压孔与掘进工作面在不同距离内瓦斯压力场与地应力场分布见表 2-3、图 2-7～图 2-12。

表 2-3   **瓦斯压力场与应力分布**

孔号	项 目			备注
	测点距工作面距离/m	瓦斯压力值分布/MPa	应力场分布	
4#	40～23	3.6	常压带	
	23～9	4.5～3.8	应力集中带	
	8～5	2.5～0.8	卸压带	

孔号	项 目			备注
	测点距工作面距离/m	瓦斯压力值分布/MPa	应力场分布	
5#	40～25	2.7	常压带	
	25～9	3.8～2.5	应力集中带	
	7～5	1.6～0.30	卸压带	
6#	40～29	2.35	常压带	
	25～9	3.8～2.5	集中应力带	
	8～5	2.10～0.4	卸压带	
7#	50～36	2.23	常压带	
	31～12	3.6～2.6	集中应力带	
	11～5	1.9～0.20	卸压带	
8#	45～29	2.16	常压带	
	25～8	3.5～2.2	集中应力带	
	7～5	1.6～0.40	卸压带	

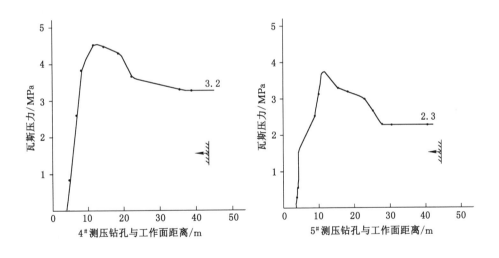

图 2-7 4# 测压钻孔曲线图   图 2-8 5# 测压钻孔曲线图

在上述煤巷掘进工作面瓦斯压力场实测研究整个过程中,没有发生过瓦斯动力现象。对煤巷掘进工作面瓦斯压力场进行实测研究,可得出以下结论:

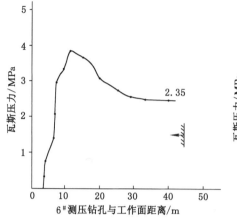

图 2-9　6# 测压钻孔曲线图　　　　图 2-10　7# 测压钻孔曲线图

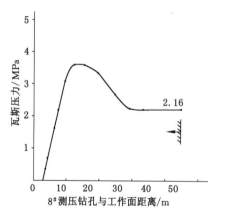

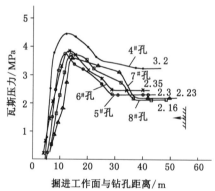

图 2-11　8# 测压孔瓦斯压力曲线图　　图 2-12　掘进工作面前方压力曲线图

（1）测点距工作面 30~50 m 及其以外,为原始瓦斯压力区,属原始地应力区;测点距工作面 8~30 m,为高瓦斯压力区,属地应力集中区;测点距工作面 5~8 m 及其以内,为瓦斯降低区,属卸压区。

（2）掘进工作面前方瓦斯压力的变化是随着采动应力在掘进过程中的变化而变化的,瓦斯压力场与地应力场有着密切联系。

（3）在掘进工作面前方煤体的地应力集中带内瓦斯压力急剧增高,煤体瓦斯内能增大,在掘进工作面与地应力集中区之间形成较高的瓦斯压力梯度,当地应力集中带与掘进工作面的距离缩短时,提高了煤与瓦斯突出的危险性。

(4) 在地应力场的卸压带内,测点距工作面不同距离的瓦斯压力若高于0.74 MPa,则视为未充分卸压,有煤与瓦斯突出危险,甚至是非常危险。因为这一区域不仅瓦斯梯度高,而且瓦斯压力大。若此区域的瓦斯压力低于0.74 MPa,则视为充分卸压或安全卸压,无突出危险。

本 章 小 结

(1) 煤巷工作面前方地应力集中区的高应力使煤体产生压缩变形,该区域呈高瓦斯压力场。当该区域距掘进工作面越近,地应力梯度与瓦斯压力梯度越高,越容易发生突出。

(2) 掘进工作面前方煤体卸压区大小是能否发生瓦斯突出的主要条件。掘进工作面前方煤体瓦斯突出不仅取决于地应力、瓦斯压力,还取决于充分卸压区宽度的大小。当工作面软分层煤的地应力、瓦斯压力值越高时,应要求充分卸压区的宽度越大,方能阻止瓦斯突出的发生。充分卸压区宽度越小,应力集中区越接近工作面,地应力梯度与瓦斯压力梯度越大,充分卸压区越容易被冲破,越易发生瓦斯突出。因此,煤与瓦斯突出预测就是测定掘进工作面前方一定范围内是否存在应力集中和高压瓦斯。通过瓦斯突出预测测定充分卸压范围是否完全能阻止突出的发生。

(3) 测定煤巷掘进工作面瓦斯压力与地应力场分布的目的是使煤巷突出预测、防突措施设计及其实施和效检,更有的放矢,克服综合防突措施应用时的盲目性,更有效地进行瓦斯突出预测预报和采取防止瓦斯突出措施,确保煤矿职工安全。

(4) 磴槽煤矿根据掘进工作面前方 5～10 m 卸压区域仍存在较高瓦斯压力值实测研究结果,将掘进工作面的瓦斯排放钻孔深度由 6 m 扩深至 12 m,扩大了充分卸压区宽度,使其处于无突出危险范围内。在 600 m 煤巷掘进中没有发生煤与瓦斯突出,达到煤巷的安全掘进。

参 考 文 献

[1] 于不凡.煤矿瓦斯灾害防治及利用技术手册[M].北京:煤炭工业出版社,
    2000:464-465.
[2] 俞启香.矿井瓦斯防治[M].徐州:中国矿业大学出版社,1992:82-83.

附录　金岭煤矿瓦斯治理技术规范

附录一　瓦斯地质

1. 根据矿井采掘接替 5 年(中长期)规划,结合井下现有开拓、准备、回采巷道现状,在矿井区域划分的基础上,充分利用现有条件对规划采掘区域开展超前区域探测工作。

2. 由矿总工程师组织编制年、季、月度超前区域探测工作计划,并组织实施。防突矿长、(通风)副总负责根据探测分析和参数测试结果修编瓦斯地质图,编制采掘工作面瓦斯防治设计。

3. 矿防突(通风)部门负责依据技术科提供的计划探测区域地质构造及煤层赋存情况组织编制超前区域探测设计,经矿相关部门会审后,报矿总工程师审批;矿地质测量部门负责按设计标定超前区域探测钻孔开孔位置、施工方位及坡度;矿安监部门负责监督超前区域探测钻孔施工;瓦斯含量的取样、现场解析、测试等工作必须由经瓦斯实验室负责实施。

4. 地质测量部门负责提供探测区域的煤层赋存及地质构造分析相关资料,探测结果与预测分析偏差较大时,必须及时补充探测设计并组织实施。矿井防突(通风)部门负责根据煤层赋存、地质构造及收集的瓦斯信息进行综合分析,根据分析结果每季度对矿井瓦斯地质图修编一次,由矿总工程师审签,每季度报豫联煤业批复、审查、备案。

5. 建立区域探测钻孔、区域防突措施控制钻孔和抽采钻孔瓦斯地质分析制度。根据钻孔控制情况,由技术科(地测)负责煤层赋存、地质构造分析;矿地测(地质)副总工程师根据已掌握数据资料及钻孔探测等情况,提供准确的地质图。矿通防副总工程师负责煤层瓦斯参数统计分析工作;矿通防科负责建立完善瓦斯参数统计台账,根据采掘接替计划组织开展煤层瓦斯参数的测试工作,定期分析瓦斯涌出量、煤层瓦斯含量、煤层厚度、地质构造的相关规律,分析瓦斯异常情况,每循环均提出分析报告,并将分析结果标注在采掘工作面瓦斯地质图上,作为进一步采取针对性瓦斯治理措施的重要依据;通防副总工程师负责结合煤层瓦斯含量等瓦斯参数及钻孔施工过程中的顶钻、喷孔等情况绘制采掘工作面瓦斯地质图。

6. 矿通防科负责收集打钻异常现象、孔口瓦斯浓度、瓦斯含量、瓦斯压力等参数,并建立超前区域探测钻孔施工台账及瓦斯参数测试台账,存档备案时间不少于5年。

7. 探测钻孔实行单孔三人联合验收制,确保钻孔施工符合设计。

8. 安全员、抽采队班长、瓦斯检查工对钻孔验收单上的验收内容负责。安全员负责退杆验收孔深和开孔位置。瓦斯检查工负责测定孔口瓦斯浓度、钻孔方位、坡度等参数。深度验收采取退钻验收,方位角和坡度的验收采取度量工具测量验收。对打钻施工及验收过程实行地面视频监控的,可不采取三人联合验收制,但必须指定专人对现场上述验收内容进行验收。

9. 矿通防科、安全科、开拓科、技术科负责抽查探测钻孔施工情况,重点检查探测钻孔施工、封孔、验收等关键管控环节相关制度、标准执行情况。矿通防科负责定期使用钻孔测斜仪测试区域措施钻孔轨迹,区域钻孔抽查率不低于5%。

10. 瓦斯地质图修编说明书应对采掘揭露和超前区域探测情况进行总结:包含采区延深、采掘过程中揭露的煤层赋存、地质构造及瓦斯参数测试情况;超前区域探测范围、超前探测钻孔、瓦斯参数测试钻孔布置情况及探测结论;瓦斯地质图修编的范围、原因、依据、结论等。

11. 所有采掘工作面掘进或回采前必须编制工作面瓦斯地质图,并在生产过程中不断补充、修订、完善。

12. 新水平、新采区必须测定瓦斯压力、瓦斯含量、抽采半径、释放半径、a/b

值等瓦斯基础参数,未经探测、探测不清或未编制瓦斯地质图的区域不准布置采掘工作面。

13.利用现有巷道,沿预测单元走向和倾向设计施工探测钻孔和瓦斯参数测试钻孔,进行超前探测和综合瓦斯地质分析。

14.沿预测单元走向和倾向每30～50 m至少布置一组探测钻孔和瓦斯参数测试钻孔(探测钻孔和瓦斯参数测试钻孔可共用),探测钻孔、瓦斯参数测试钻孔尽可能布置在地质构造附近和煤厚变化异常区域,探清煤层赋存、地质构造等情况,测定煤层瓦斯含量,相邻瓦斯参数测试点间距不得超过50 m。

15.煤层瓦斯压力、瓦斯含量等参数的测试点应布置在不同预测单元内,瓦斯地质异常区必须加密布置;每个预测单元内沿煤层走向布置瓦斯含量测试点不少于2个,沿煤层倾向布置瓦斯含量测试点不少于3个,并有测试点位于埋深最大的预测部位。

16.新水平、新采区或采掘标高每延深30 m,必须测定煤层瓦斯含量、瓦斯压力等瓦斯参数。

17.复采区煤巷掘进前,技术科负责查明复采区内煤柱的留设情况,标注在工作面地质图上,复采区内掘进可不执行探测措施。

18.沿空掘进煤巷工作面与采空区间隔煤柱小于2 m的按无突出危险区管理,探测钻孔控制范围为实煤帮。探测钻孔不少于3个,探测煤巷条带长度不小于60 m,超前距不小于20 m。控制范围:倾斜、急倾斜煤层上帮至少20 m、下帮至少10 m范围内的煤层;缓倾斜、近水平煤层控制巷道轮廓线外至少15 m范围内的煤层(均为沿煤层层面的距离)。沿空掘进煤巷工作面,若邻近工作面已对该面掘进巷道实煤帮规定范围提前采取探测措施或已实现抽采达标,可不再执行长距离探测措施。

19.矿井必须根据地质及探测资料、瓦斯基础参数测试情况对所采煤层进行区域预测,根据预测结果绘制矿井瓦斯地质图。将突出煤层划分为突出危险区和无突出危险区,未进行区域探测的区域划为突出危险区。

20.矿井新水平、新采区开拓后区域预测工作在主体开拓工程竣工后3个月内完成,并形成开拓后区域预测报告。

21.所有采掘工作面掘进或回采前必须根据已掌握的瓦斯地质信息,编制工作面瓦斯地质图,并在生产过程中不断补充、修订、完善,作为采取瓦斯治理措施的重要依据,未按规定编制瓦斯地质图的不准进行采掘作业。

22. 建立区域探测钻孔、区域防突措施钻孔、采面顺层探测钻孔和抽采钻孔瓦斯地质分析制度。根据钻孔控制情况,由技术科负责煤层赋存、地质构造分析,由通防科负责瓦斯异常情况分析。每循环、每轮次均提出分析报告,并将分析结果标注在采掘工作面瓦斯地质图上。

附录二 瓦斯防治机构设置及权责划分

为了确保矿井防突管理制度顺利实施,达到预期效果,矿井成立瓦斯防治工作领导小组。

组　　长:矿　长

副组长:总工程师　防突副矿长　生产副矿长　安全副矿长　机电副矿长

成　　员:通风副总工程师、地测副总工程师、生产副总工程师、机电副总工程师、生产科、安全科、机电科、地测科、调度室、技术科、通风科、防突科、抽采队、监控队、培训科、财务科、办公室、供应科、企管办及采掘区队主要负责人组成。

1. 矿长:对金岭煤矿的瓦斯防治工作负全面责任。

2. 总工程师:认真贯彻执行《煤矿安全规程》和《防治煤与瓦斯突出规定》;审查瓦斯防治安全生产管理制度,审查制定各工种瓦斯防治安全生产岗位责任制,组织编制、审批瓦斯防治方案、规划、计划、设计、措施。

3. 防突副矿长:负责组织瓦斯防治措施的贯彻、实施,对防突措施现场施工进行监督、检查;组织有关部门编制、审批防突计划、工程计划和防突措施,并组织检查落实情况。

4. 安全副矿长:负责监督、检查瓦斯防治计划、设计、措施的落实,组织防突培训,提高干部职工的防突意识和技能。

5. 生产副矿长:负责组织瓦斯防治工程施工,协调、组织施工队伍,保证施工质量和进度。

6. 机电副矿长:负责瓦斯防治工作的装备和设备管理工作及机电设备的防

爆管理工作,保证风机及泵站的正常运转。

7. 通风副总工程师:在总工程师的领导下,对分管范围内的防突技术工作负直接责任。

8. 地测副总工程师:在总工程师的领导下,负责瓦斯地质技术管理工作。

9. 防突科:在防突副矿长领导下,负责瓦斯防治的管理、技术指导和技术推广工作,组织编制瓦斯防治设计、规划,防突会议的组织。负责防治煤与瓦斯突出及瓦斯抽采系统的管理,研究制定防突抽采工作计划及技术指导,落实区域验证,并做好检查、监督各单位严格执行防突措施和瓦斯抽采管理制度,开展防突技术研究,做好瓦斯抽采工作。

10. 地测科:负责矿井地质、水文地质、测量及储量管理资料的收集、分析研究整理,查明影响矿井生产的地质因素,与防突科编制瓦斯地质图,确保矿井正常生产;负责井下主要工程、单项工程等测量,并负责向有关部门发出贯通业务联系通知单,确保安全贯通。在采掘工作面开工前,向防突科、生产科、施工单位等提交详细的地质资料,在采掘过程中要做好地质预报工作,并会同防突科做好瓦斯地质等工作,防止误揭突出煤层。负责井下主要工程、单项工程等测量,并负责向有关部门发出贯通业务联系通知单,确保安全贯通。

11. 通风科:负责瓦斯检查、防突设施的构筑、"一通三防"现场管理、密闭构筑,以及通风巷道检查,确保采掘工作面风量充足,巷道贯通后及时调整通风系统,保证系统合理、符合规定。优化矿井通风系统,按照瓦斯防治要求设计通风设施,并监督构筑标准质量。

12. 生产科:负责组织编制、审批井巷施工、采煤工作面作业规程、安全技术措施,并严格把好审查关;作业规程、安全技术措施应包括通风、防突、瓦斯管理等安全措施。在认真执行采掘工作面作业规程的同时,必须严格督促瓦斯防治技术措施的贯彻执行,把瓦斯防治技术措施纳入工作面正规生产作业工序管理。在编制突出矿井开拓开采设计时,采掘工程与瓦斯防治作业工程同时设计、施工,要考虑瓦斯防治工作的需要,其巷道布置应符合《防治煤与瓦斯突出规定》的要求。

13. 安全科:负责采掘工作面安排专职瓦斯检查工检查瓦斯,安全检查工监督检查整个生产过程防突措施执行情况,发生瓦斯变化、响煤炮等明显突出预兆,会同瓦斯检查工立即将人员全部撤离至安全地点。各类防突措施钻孔(验证钻孔、超前钻孔)施工结束后,会同防突作业人员现场验收并签字。严格掌握施工进度,确保措施超前距符合规定。每月进行安全检查时,检查综合防突措施的编制、审批和贯彻执行情况。严格监督检查制度、瓦斯防治措施的执行情况,负责对瓦斯防治作业工作的监督检查,各类瓦斯防治措施的落实、监管。

14. 机电科:负责矿井安全供电,确保供电系统可靠。严把机电设备入井防爆关,不合格的电气设备严禁入井。负责组织对采掘工作面机电设备防爆检查,杜绝矿井电气设备失爆现象。落实机电防爆检查,确保井下电气设备无失爆现象,瓦斯防治设备的检查、检修、维护工作的监督,保障风机和泵站的正常运转。

15. 技术科:参与编制矿井采掘技术设计和年、季、月度生产建设计划、灾害预防和处理计划及矿井的中长期规划。落实矿井采掘技术设计和年、季、月度生产计划,中长期规划制订。

16. 调度室:认真做好采掘工作面汇报记录,采掘工作面发生异常情况时,必须立即向值班矿领导、矿长、总工程师、防突副矿长、通风副总工程师等矿领导汇报,有权指挥撤人、断电。

17. 供应科:负责防治煤与瓦斯突出设备、材料的购置,劳动保护用品的配备,并对发现的问题及时处理。保证各类瓦斯防治设备的管理、检查等考核,确保正常使用。

18. 财务科:负责防治煤与瓦斯突出工程、装备、材料等资金计划及资金筹措等,并监督、检查瓦斯防治资金的使用。

19. 抽采队:负责穿层钻孔的施工,区域原始瓦斯含量的测定及区域措施的效果检验、抽采参数测试钻孔施工工作,各种抽采报表的编制、各种相关资料的存档管理,抽采泵的管理、维护等。严格按抽采设计进行施工,保证抽采钻孔工程的质量和进度符合防突规定,满足矿井瓦斯防治工作需要;负责井下抽采系统管理,确保系统运行稳定,保证抽采达标。

20. 监控队:负责安全监控、视频、人员定位系统的安装、维护、调校。做好监控系统日常管理维护工作,达到监控有效。

21. 救护队:加强业务训练,提高业务素质,负责矿井灾害事故隐患的日常检查和灾害事故处理工作。

22. 办公室:负责矿井人力资源的配置,保证瓦斯防治工作人力资源充足,采用多种形式开展瓦斯防治宣传工作。

23. 企管办:负责防突人员的工资结算,防突物资领料条打印与登记工作。

24. 各业务部门要认真执行《防治煤与瓦斯突出规定》的相关要求,做好瓦斯防治措施的编制、审批、贯彻、执行和监督检查工作。

25. 区队长、班组长对管辖范围内瓦斯防治作业工作负直接责任。

26. 防突人员对所在岗位的瓦斯防治作业工作负责。

附录三　瓦斯防治管理

一、瓦斯防治技术管理

1. 在矿井新水平、新采区设计时,必须同时编制防治突出专项设计。工程设计要充分考虑突出防治,为实施区域治理创造条件。煤层瓦斯压力大于 0.6 MPa或煤层瓦斯含量大于 6 m^3/t 时应做到区域措施先行。

2. 石门揭煤及突出煤层和采掘工作面防突设计由矿总工程师组织防突科负责编制,并由矿总工程师负责组织生产科、地测科、通风科、防突科、安全科、机电科、调度室等单位会审,石门揭煤防突设计报公司审批后实施。

3. 矿井防治煤与瓦斯突出设计方案由总工程师负责组织编制,组织矿井防突、技术、安全、抽采、地测、通风、机电等部门会审,并报煤矿企业总工程师审批。

4. 采掘区队长对所属工作范围内的防突作业工作负全面责任,负责防突技术措施在本单位的认真贯彻执行。

5. 防突科负责防突技术方案的制订,防突措施的效果检验的审批,负责日常防突技术的管理工作。

6. 开采突出煤层采掘工作面设计应避免造成应力集中。一个或相邻的两个采区中,在同一区段的突出煤层中进行采掘作业时,相向(背向)回采和相向(背向)采掘的两个工作面的间距不得小于 100 m。相向掘进的两个工作面间距不得小于 60 m,并且在小于 60 m 以前实施钻孔一次打透,只允许向一个方向掘进进尺。

7. 突出煤层进行采掘作业前,防突科必须编制防突专项设计及安全技术措施,经有关单位会审后,由矿总工程师批准。

8. 瓦斯防治技术措施的选定,矿总工程师可本着因地制宜、综合治理的原则,选择一种、二种或更多种措施。但不论选用哪一种防突措施,都必须符合《防治煤与瓦斯突出规定》《煤矿安全规程》《河南省强化煤矿安全生产暂行规定》等有关规定,并报煤矿企业、矿井技术负责人审批。

9. 矿井区域防突措施或采掘工作面防突措施遇有特殊情况时,报公司总工程师审批。

10. 采掘工作面综合防突措施,由矿总工程师组织审批。防突科对整个矿井抽采系统进行整体规划设计,通风科负责系统的排查、指导及各种参数的测量,月、旬报表的编制,安全科负责监督落实。

二、防治煤与瓦斯突出的安全管理

1. 加强突出煤层采掘瓦斯地质工作

(1)突出煤层掘进巷道和采煤工作面在开工前,地测科必须编制"掘进地质说明书"和"回采地质说明书",并向安全科、生产科、通风科、防突科、调度室、施工单位下发。

(2)采掘工作面接近已知地质构造带、煤层赋存变化带 50 m 前,地测科及时向生产科、通风科、防突科、安全科及施工单位下达地质预报通知。

(3)地测科要做好地质构造及煤层赋存探查工作。煤巷掘进必须有前探钻孔控制;抽采巷掘进必须采用边探边掘措施。

(4)石门揭煤前,地测科要准确掌握巷道距煤层的距离,并负责编制探煤钻孔设计,严格控制突出煤层的层位,防止误揭突出煤层,做到"有疑必探、先探后掘、不探不掘"。施工地质钻孔时,由地测科安排人员及时收集钻孔资料,并根据钻孔资料及时验证。

(5)施工过断层或揭煤措施孔过程中,施工区队记录打孔情况,并及时向地测科汇报,地测科及时验证、修改地质剖面图。

（6）抽采巷验收：由防突科负责组织进行现场验收，对于高度、宽度等必须符合作业规程和《煤矿安全生产标准化基本要求及评分方法》。凡不符合设计要求的，一律不予验收。验收合格后，抽采队方可进入钻场打钻。

（7）安全科负责对防突流程的实施全过程进行监督。

2．防治突出措施实施控制

（1）抽采队施工钻孔结束后，由钻工、瓦斯检查工或安全检查工现场拔钻验收，并检查钻孔施工参数，相互在验收记录上签字。

（2）必须在施工地点悬挂钻场钻孔设计牌板，牌板内容：设计钻孔参数（孔号、方位角、倾角、孔深、孔径等）；当实际施工钻孔参数与设计参数不符合时，必须及时汇报、查明原因、制定措施。

（3）现场施工人员必须严格按措施要求布孔施工，并详细记录钻孔参数、孔内煤岩性变化及施工过程中出现的顶钻、喷孔等动力现象。必须建立钻孔原始记录及台账。

（4）防突科要加强抽采系统的管理，对已施工的抽采钻场钻孔要及时封孔连抽，定期测定瓦斯抽采参数（浓度、负压、流量）。抽采管路系统投运前，应由防突科组织安全科、通风科、生产科、机电科等单位进行验收，确保系统安全、可靠。瓦斯抽采管路敷设必须能满足排除积水的要求，管路所有凹点均应设等径T形管、排渣器和放水器。

（5）加强防突作业工程的监控，瓦斯检查工不定期对抽采钻孔深度进行抽查，并检查记录。

3．防治突出措施效果检验控制

（1）防突措施实施结束后，施工单位汇报调度室、防突科，防突工、瓦斯检查工、安全检查工、班组长现场区域验证。

（2）验孔不符合设计要求的，不予效检，并通知防突科、调度室、安全科及施工区队，施工区队重新施工措施孔并重新效检，同时追究措施孔施工过程监管人员的责任。

（3）当区域验证指标不超过规定时，防突作业工按照防突措施规定预批采掘进尺，并向防突科人员汇报验证孔施工个数、角度、深度及验证情况。防突科同意预批掘后，通知调度室、安全科及施工区队。

（4）若区域验证指标超标，则按照防突措施要求采取补充区域防突措施，后再次进行效果检验，直至指标符合规定。

（5）每次区域验证指标超标后防突科必须有分析。

（6）区域验证时瓦斯检查工、防突作业工、安全检查工、班组长必须在工作面进行全过程监督，验证结束后在现场填写区域验证报表签名确认。

（7）防突作业工升井后及时交区域验证报表交防突科，由防突科制作区域验证报告单，报防突科长、防突矿长、安全矿长、总工程师审批，区域验证报告单报送、审批时间不得超过验证工作结束后 8 h。

（8）施工单位按批准的允许进尺施工，现场瓦斯检查工、安全检查工负责监督。发现超尺采掘将从严追究施工单位班组长、防突作业工、瓦斯检查工、安全检查工以及相关单位的责任。

（9）施工区队现场悬挂"防突管理牌板"、"允许进尺牌"，内容包括：本循环区域验证参数、允许进尺、验证人员等。

4. 安全防护措施控制

（1）通风科必须按规定设计正反向风门，风门墙垛须用砖砌筑，嵌入巷道周边实体深度不小于 200 mm；墙体厚度不小于 800 mm，门框和门可采用坚实的木质结构，门框厚度不小于 100 mm，风门厚度不小于 50 mm；两道风门间的距离不小于 5 m。

（2）突出煤层的采煤工作面上、下巷每 50 m 安设一组压风自救，要求每组压风自救为不少于 5 个压风自救袋，上下巷距工作面 25～40 m 设置一组，且数量不得少于 50 个，压风自救 24 h 不停供风，且每个自救袋的供风量不少于 0.1 m³/min，压风压力在 0.3～0.7 MPa。工作面的每个工作人员都必须佩戴隔离式自救器，并能正确熟练使用。突出煤层的掘进工作面每隔 50 m 安装一组 5 个压风自救，最前一组压风自救袋数量大于迎头作业人数，安装在距迎头 25～40 m 范围内。压风自救安装高度距底板 1.2 m，每个自救袋风量不少于 0.1 m³/min。

（3）通风科、防突科对通过风门墙垛的风筒、刮板输送机、胶带机，必须设置隔断防逆风装置。避难硐室内设置直通矿调度室的电话。

（4）采用远距离爆破时，爆破地点应设在进风侧反向风门之外或避难所内，爆破地点距工作面的距离不小于 300 m。爆破作业工操纵爆破的地点,应配备压风自救系统或自救器。远距离爆破时,回风系统的采掘工作面及其他有人作业的地点,都必须停电撤人,爆破 30 min 后,方可进入工作面检查。

(5)突出煤层采掘工作面的电气设备必须由电气管理单位安排专人负责检查、维护,定期检查防爆性能,严禁使用防爆性能不合格的电气设备。

(6)入井人员,必须随身携带隔离式自救器。

(7)生产单位负责所辖范围内各类安全防护设施的管理和使用,发现问题及时解决。

5.防突措施处理汇报

(1)凡瓦斯异常、煤(岩)层产状异常、有煤炮声、围岩裂隙发育、顶底板发生淋(涌)水等现象时,必须立即停止施工撤出人员,施工单位班队长、现场瓦斯检查工、安全检查工立即汇报调度室,调度员通过监控中心查询瓦斯变化情况,并及时向值班矿长、矿长、矿总工程师和安全副矿长汇报。凡发生突出动力现象时必须保留现场,由矿总工程师安排相关人员进行调查收集资料,并立即向公司汇报。

(2)在施工验证孔、措施钻孔过程中,出现喷孔、顶钻等瓦斯异常现象时,必须停止作业,施工班组长、防突作业工、瓦斯检查工、安全检查工立即组织受威胁区域人员撤至安全地点,并向调度室汇报,由矿总工程师组织制定、采取针对性措施。

(3)防突措施在现场执行中如因煤层赋存变化等原因无法执行到位时,必须立即停止作业,班组长、瓦斯检查工、防突作业工、安全检查工及时汇报调度室和防突矿长、总工程师,由总工程师组织措施审批部门到现场调查后,地测科绘制出地质预想剖面图,防突科根据地质预想剖面图对措施进行修改或补充,经总工程师批准后实施。

(4)掘进巷道遇断层、瓦斯异常、煤层突然变厚(变薄)、煤层分叉合并、产状异常等情况时,必须立即停止掘进,班组长、瓦斯检查工、安全检查工及时向调度室汇报,总工程师组织防突科、地测科、安全科、生产科及相关业务科室副科级以上干部现场拿出处理方案。措施编制部门对措施进行修改补充,报总工程师审批。

（5）施工区队及相关单位必须按防突措施规定严格执行，安全科负责监督检查，发现技术措施与现场实际不符时，必须立即停止作业，汇报调度室，措施编制部门制定补充措施，经矿总工程师批准后方可继续施工，其他部门和个人不得改变已批准的防突措施。

6. 防治煤与瓦斯突出责任追究

凡没有按以上程序执行，没有严格落实防突措施规定的，由总工程师组织调度室、地测科、机电科、生产科、防突科、安全科、通风科、施工单位等相关单位进行责任追查。

（1）地质预报不及时，未及时下发地质预报书及巷道预想剖面图，导致误揭煤层或没有及时根据前探钻孔分析验证地质资料出现较大偏差造成不良后果的，追究地质部门负责人责任。

（2）没有按规定进行验证或效果检验、没有及时下发验证（效果检验）报告单、迎头未标清验证（效果检验）点、测试指标超限没有及时停掘等，追究防突科、安全科的责任。

（3）施工单位未按防突措施施工，应抽未抽、无特殊情况措施未施工到位的追究施工单位队正职责任。

（4）效果检验施工监督不到位、施工单位超采超掘监督不到位、验证孔施工验收不到位、弄虚作假、未按规定安装安全防护设施、监督检查不到位等，追究防突科长和安全科长责任。

（5）施工单位没有按要求维护、使用好安全防护设施、没有按防突措施要求进行施工、超采超掘的，追究施工单位负责人责任。

（6）安全科没有按要求履行监督检查职责，监督不到位，造成防突措施、规定执行不到位的，追究安全科责任。

（7）调度室未及时向有关部门和领导、值班矿长汇报井下反映的问题的，追究调度室主任责任。

（8）施工单位全体人员及监管部门必须认真贯彻、学习防突措施，一次学习不到位对责任人罚款50元，措施贯彻、落实不到位对单位技术员、正职罚款100元/次。

（9）施工现场如有"一通三防"及防突方面的问题或措施理解上存在异议，

现场的施工人员、安全检查工、瓦斯检查工、防突作业工等相关人员必须立即向通风科、防突科汇报,接到电话后立即给予解决、处理。不能解决处理的,再汇报给矿领导。现场施工及监管人员向防突科汇报后,必须立即进行解决、处理,否则,对当天值班人员罚款 100 元;不按要求进行汇报的,对责任人每次罚款 50 元。

三、瓦斯防治工作计划、总结管理

1. 矿井在编制年度、季度、月度生产建设计划时,必须一同编制年度、季度、月度防突措施计划,保证抽、掘、采平衡。

2. 矿井防突科负责编制年、季、月防突工作计划,月度工作与防突例会总结。

3. 矿井每年底前必须编制当年防突工作总结和下一年防突工作计划安排。

4. 矿井重点防突工程、抽采工程及抽采量等,应列入矿生产经营计划进行考核。

5. 矿井必须按照年、季、月度防突措施计划批复要求开展防突作业工作。

四、瓦斯防治措施执行监督管理

1. 为了确保"四位一体"的综合防突措施落实到位,矿井应建立健全职能防突管理机构,做好现场管理,保证防突措施工程的施工质量。

2. 采掘工作面防突作业工负责防突措施执行、挂牌管理,并填写原始记录。瓦斯检查工、安全检查工按照已批准的防突措施对钻孔的布置、方位角度、孔深、孔径进行现场验收,防突作业工对现场区域验证工作进行操作。

3. 突出煤层采掘工作面防突作业工现场跟班落实防突措施执行情况,并掌握钻孔在施工过程中是否出现发生喷孔、夹钻等情况。

4. 抽采巷和石门掘进前探钻孔现场由瓦斯检查工负责监督执行,并进行验收做好记录。

5. 现场瓦斯检查工、安全检查工对防突措施、效果检验、区域验证环节进行监督,发现问题现场落实整改、汇报。

6. 区队长、技术员落实防突措施执行情况及存在的问题,及时采取针对性措施进行处理,并不断加强区队防突管理及职工防突知识培训。

7. 每循环验证钻孔施工完毕,报表及时交到防突科。

8. 防突科、安全科管理人员经常深入防突作业现场,督导防突措施执行情况,及时通报存在的问题。

9. 对发现的钻孔角度有误或钻孔深度不够等重大隐患,应立即汇报矿调度室,经措施审批部门相关人员到现场进行探测或鉴定,采取措施、进行处理。

10. 施工区队必须严格按照措施施工,现场安全检查工、瓦斯检查工严格按照措施监督施工。

11. 在监督过程中如发现钻孔倾角或方位角与设计不符、防突施工设备不完好、钻孔数量或孔深不足、防尘措施不落实、检验仪器不合格、取样不规范等安全隐患,采取补孔、停止作业等整改措施,并对安全检查工、防突作业工、瓦斯检查工、班组长各罚款 200 元/次。

12. 在监督过程中如发现超循环或超指标采掘作业,对安全检查工、防突作业工、瓦斯检查工、班组长各记严重"三违"一次,各罚 500 元,对单位负责人工资扣 5%。制止不听,对区队罚款 1 000 元,并由矿领导对其进行诫勉谈话,责任人解除劳动合同。对没有及时发现、制止超循环或超指标采掘作业的安全检查工、瓦斯检查工记严重"三违"一次并罚款 500~1 000 元。因违章指挥造成超尺采掘的责任人降级处理,造成严重后果的给予责任人撤职处罚。

13. 对于查出重大隐患或制止严重违章行为等有功人员进行奖励。

五、瓦斯异常及防突预警分析处置管理

(一)组织领导

组　长:矿　长

副组长:总工程师　防突副矿长　安全副矿长　生产副矿长　机电副矿长

成　员:防突副总工程师　地测副总工程师　生产副总工程师

　　　　机电副总工程师　安全副总工程师　科室负责人及相关施工单位

　　　　负责人

(二)瓦斯异常分析制度

1. 除监控系统故障、瓦斯传感器调校以外,出现采掘工作面及回风流瓦斯浓度大于 0.8% 或瓦斯增幅大于 0.3% 的均视为瓦斯异常。

2. 监控中心、瓦斯检查工或其他人员检查发现瓦斯异常时,立即向调度室和通风调度汇报,调度室落实作业地点切断生产电源、停止生产,并向值班矿领导、分管领导、总工程师汇报。

3. 瓦斯异常的工作面当班立即停止生产,由矿总工程师或防突副矿长主持分析瓦斯异常原因、制定防范措施,通风科负责组织。

4. 参加瓦斯异常分析的单位有通风科、防突科、安全科、调度室、地测科、瓦斯异常单位、监控队、相关副总工程师及其他相关科室,通风科建立分析记录,各部门参加人员签名。

5. 瓦斯异常原因分析清楚,制定的防范措施落实到位,现场瓦斯浓度降到 0.5% 以下时,方可恢复生产。

6. 实施全员多层次瓦斯监测监控,利用安全监测监控系统远程网络终端查询功能,监控队、通风科、防突科每天查看所管理区域内的瓦斯情况。

7. 采掘工作面、打钻地点瓦斯浓度达到 0.65%~0.8% 的(不含 0.8%),通风调度应立即向调度室和相关业务管理科(区)室、通风科、防突科汇报,调度室负责落实瓦斯升高区域暂时停电,通风副总工程师组织落实瓦斯升高原因,通风科、防突科等相关部门参加,只有瓦斯升高原因落实清楚、作业地点瓦斯浓度降到 0.5% 以下时,方可恢复生产。一个生产班内出现两次瓦斯浓度达到 0.8% 的当班不再生产。

8. 瓦斯浓度达到 1.0% 及以上的,工作面立即撤人、停产、停电,按照瓦斯超限处置程序上报公司并追查处理。

9. 爆破作业的采掘工作面爆破前瓦斯浓度在 0.8%~1% 的(不含 1%),施工单位当班负责人要现场组织分析原因,瓦斯检查工、爆破工协助,确认无异常并落实好各项安全措施后方可进行爆破作业。采掘工作面瓦斯浓度在 0.8% 以上的不得进行爆破作业,并向调度室和通风调度汇报。

(三)防突预警异常信息处置办法及汇报程序

1. 瓦斯钻孔施工过程中响煤炮、喷孔

(1)异常信息分类

根据打钻喷孔、煤炮分级标准,喷孔分为轻度喷孔、中度喷孔和严重喷孔,响煤炮分为轻度煤炮、中度煤炮和严重煤炮。

（2）异常信息处置办法按照附件：打钻喷孔、煤炮分级标准执行

（3）汇报程序

① 施工时出现轻度喷孔或轻度煤炮时，施工单位现场负责人向调度室汇报，值班调度员根据处置措施，指挥现场人员进行处置，并向主管业务科（区）室、调度室汇报，同时让调度员做好记录。

② 施工时出现中度、严重喷孔或中度、严重煤炮时，施工单位现场负责人向调度室汇报，值班调度长根据处置措施，立即指示现场人员按照避灾路线迅速撤离，并同时向通风科、防突科、通风副总工程师、防突副矿长、矿总工程师汇报。调度室通知值班矿领导，值班矿长立即采取相应措施进行处理。

2．工作面施工期间或打钻时遇地质构造

工作面在施工期间遇到以下情况之一者，执行过地质构造期间的专项补充措施，若无补充措施时，工作面立即停止施工，现场负责人向调度室汇报，施工单位补充专项措施，按程序审批完毕并贯彻后方可进行施工。

（1）落差大于0.3 m的断层；

（2）工作面遇到煤层倾角异常变化、煤层变厚或变薄；

（3）工作面出现背斜、向斜等其他情况。

3．区域验证指标超标

工作面区域验证指标超标时，防突作业工要详细记录或汇报超标钻孔信息，工作面地质、软煤、瓦斯、支护等信息，调度室做好记录。

出现区域验证指标超标后，由调度室值班领导或调度员负责通知防突科长、通风副总工程师、防突副矿长、矿总工程师。

（四）考核

各相关单位要严格执行本制度相关要求，对未按规定要求的程序及处置措施进行落实的，对责任人处以200元以上的罚款，对因汇报不及时或处置不当造成严重后果的，按矿相关管理规定要求进行追究。

六、煤与瓦斯突出调查处理

1．事故调查。

（1）轻伤、重伤事故，由安全副矿长组织安全科、防突科、通风科、发生事故

的单位及相关事故责任单位等部门有关人员组成调查组进行调查。

（2）凡发生二、三级非伤亡事故，由安全副矿长组织安全科、防突科、通风科、发生事故的单位及相关事故责任单位等部门参加进行事故调查。调查处理结果及时上报煤业公司安检部。

（3）凡发生重伤以上事故和重大未遂事故，根据事故调查权限由煤业公司等上级单位组织事故调查分析。

2. 事故调查组成员应符合的条件：

（1）具有事故调查所需要的某一方面的专长；

（2）与所发生事故没有直接利害关系；

（3）相关业务科室负责人、分管领导。

3. 事故调查组的职责。

（1）查明事故发生的经历、原因和人员伤亡、经济损失等情况；

（2）确定事故的性质和责任者；

（3）提出事故处理意见和防范措施的建议；

（4）写出事故调查报告。

4. 事故调查组的权利。

事故调查组有权向发生事故单位的有关人员了解情况和调阅有关资料，任何单位和个人不得阻碍、拒绝、干涉事故调查组的正常工作。

5. 事故分析。

事故调查结束后进入事故分析和事故责任认定及责任追究程序，具体执行以下规定：

（1）基本原则

实事求是、客观公平原则；依法办事、规范处罚原则。

惩前毖后，治病救人原则；科学分析、超前防范原则。

（2）事故调查分析步骤

整理和阅读内容进行分析，按以下七项内容进行分析，受伤部位、受伤性质、起因物、致害物、伤害方式、不安全状态、不安全行为。

（3）确定事故的直接原因

直接原因是直接引发事故的因素，包括：人的不安全行为，如：误操作、违章作业、违章指挥、违反劳动纪律等；物的不安全状态，如：机械、物质、环境等方面的事故隐患等。

（4）确定事故的间接原因

间接原因是指管理上出现纰漏，或没有有效预防事故，或在一定程度上促进了事故发生，或造成事故后果扩大的因素，包括：

① 设计、技术、管理机制或制度上的缺陷；

② 劳动组织不合理；

③ 未经培训或教育培训不够，缺乏或不懂安全操作技术；

④ 没有操作规程、安全技术措施或不健全、不完善；

⑤ 对现场工作缺乏应有的检查、指导或指导错误；

⑥ 对事故隐患没有及时整改或整改不力；

⑦ 没有或不认真实施事故防范措施；

⑧ 其他方面。

（5）事故责任分析

① 根据事故调查所确认的事实，通过对直接原因和间接原因分析，确定事故的直接责任、间接责任者。

直接责任：凡是导致事故发生直接原因的人员责任属直接责任。

间接责任：产生人的不安全行为、物的不安全状态、管理缺陷的间接原因的人员责任属间接责任。

② 事故责任人员一般分为四类责任：直接责任者、主要责任者、重要责任者、一般责任者。

直接责任者主要是指因违章操作或违章指挥直接导致事故发生的人员。主要责任者、重要责任者、一般责任者属于间接责任，主要是指各级管理人员、矿级领导。其中领导责任又分为：主要领导者、重要领导责任者、一般领导责任者。

6. 事故责任追究及处罚。

（1）发生重伤事故，对事故单位分管生产、安全的领导处 500～800 元罚款；对责任科室科长、副科长处 800～1 000 元罚款；对事故区队长处 1 000～1 500 元罚款；对当班班组长、安全检查工处 1 000 元罚款。

（2）发生轻伤事故，对事故单位分管生产、安全的领导处 200～500 元罚款；对责任科室科长、副科长处 300～500 元罚款；对事故区队长处 500～1 000 元罚款；对当班班组长、安全检查工处 500 元罚款。

（3）发生一起二级非伤亡事故，对事故单位分管生产、安全的领导处 1 000～1 500 元罚款；对责任科室科长、副科长处 1 500～2 000 元罚款；对事故区队长处 1 000 元罚款；对当班班组长、安全检查工处 500 元罚款。

（4）发生一起三级非伤亡事故，对事故单位分管生产、安全的领导处 500～800 元罚款；对责任科室科长、副科长处 800～1 000 元罚款；对事故队（组）长、班组长处 1 000～1 500 元罚款；给予当班班组长、安全检查工处 500 元罚款。

7. 对事故隐瞒不报、谎报或拖延不报，阻碍、干涉事故调查处理，故意破坏事故现场，拒绝接受调查以及拒绝提供真实情况和资料的单位，根据情节轻重，对相关责任人从严处理，给予主要领导行政警告直至撤职处分。

8. 凡发生轻伤及以上事故、二级及以上非伤亡事故、涉险事故、重大未遂事故等不在规定时间进行上报的，拖延 2 h 以上、4 h 以上、8 h 以上者，对事故单位处罚 5 000 元、8 000 元、10 000 元，同时视具体情况追究单位负责人责任和处罚现场责任人 200～1 000 元。

9. 凡发生伤亡事故，必须在 1 h 内，报上级煤炭管理部门和人民政府进行调查分析处理。

10. 以上处罚由安全科按标准进行落实罚款。

11. 对于事故调查组提出的事故调查处理意见和防范措施，由安全科负责跟踪落实。

七、石门揭煤工作面防突管理

1. 石门揭煤工作面的突出危险性验证必须严格执行《防治煤与瓦斯突出规定》的相关要求，揭煤前地测科必须设计钻孔探明煤层赋存情况。

2. 石门揭穿煤层前，防突科编制专项设计及安全技术措施，并报公司审批，其内容及揭煤要求按《防治煤与瓦斯突出规定》的规定执行，具体揭煤组织措施及技术措施可视本矿情况制定但必须符合《防治煤与瓦斯突出规定》。

3. 石门揭煤工作面，必须采取防治突出措施，经效果检验有效后可用远距离爆破揭穿煤层。

4. 石门揭穿突出煤层,即石门自顶(底)板距突出煤层最小法向距离5 m开始,至穿过煤层进入底(顶)板据煤层最小法向距离2 m的全部作业过程,按照防突规定均属于揭煤作业。

5. 新采区、水平或未揭露的煤层揭煤时,要进行瓦斯压力和瓦斯含量参数测定。

6. 石门工作面掘至距煤层垂距10 m以前,至少打两个穿透煤层全厚且进入底(顶)板不小于0.5 m的前探钻孔,钻孔应尽可能采集岩(煤)芯。取芯孔必须详细记录岩芯和煤芯资料,编绘揭煤地点煤层赋存情况的预想的平、剖面图,以便指导揭穿煤层的施工。

7. 揭煤导硐施工时必须采用打浅眼、放小炮,减少底(顶)部炮眼装药量,保证导硐岩柱的完整性,每次掘进必须探明岩柱厚度,保证岩柱不小于1.5 m。

8. 石门掘进期间地质测量人员负责做好探煤孔设计与施工的技术管理工作,准确掌握巷道距煤层的岩柱尺寸,并做好巷道地质素描。

9. 石门揭煤验证钻孔必须有报表记录,包括钻孔数量、角度、方位、孔深等参数都要明确。

10. 在施工验证孔期间如发现喷孔、顶钻、瓦斯异常等突出预兆时,立即停止作业撤出人员,向防突科及调度室汇报,补充区域防突措施。

附录四 开采保护层

1. 金岭煤矿开采一$_7$煤层保护层作为矿井区域防突措施,无论任何时候都不能动摇。保护层不开采,被保护层未消突,坚决不动二$_1$煤层。

2. 一$_7$煤层支护采用锚杆、钢带联合支护,在煤、岩层条件发生变化时,必须及时结合现场实际情况,变更设计,确保支护质量。

3. 保护层巷道在掘进过程中,必须加强层位的控制,严防掘进过程中误穿二$_1$煤层。掘进过程中,每隔10 m必须垂直顶板打一个超前探测钻孔,钻孔深度不小于10 m,控制掘进巷道和上部二$_1$煤层的层位关系;每个循环必须向正前施工3个探测钻眼,探眼深度不小于5 m,分别向正前、上方45°和下部45°控制正前岩层赋存情况,每次钻探成果必须进行收集整理,形成地质成果,为保护层开采和瓦斯抽采做保障。

4. 开采一$_7$煤层保护层时,必须认真观察被保护层的瓦斯涌出情况,及时采取措施防止被保护层瓦斯涌入保护层采掘工作面和误揭突出煤层。

5. 正在开采的保护层工作面,在倾斜方向应超前被保护层工作面1～2个区段,且应保证不少于180 d的预抽超前时间。

6. 保护层工作面沿倾斜方向连续开采,相邻两个工作面之间必须实施无煤柱沿空送巷。保护层工作面应连续开采,采空区内不得留有煤(岩)柱,特殊情况需留设煤(岩)柱时,必须经矿长办公会研究,并报豫联煤业批准,并将煤柱的位置和尺寸准确地标注在保护层采掘工程平面图上,被保护层瓦斯地质图和采掘工程平面图及瓦斯地质图上标明煤(岩)柱的影响范围。

7. 根据金岭煤矿保护层开采经验和以往的考察,保护层走向卸压角取不大于56°,倾向上卸压角90°,倾向下卸压角69°。

8. 保护层工作面推过抽采钻孔20～60 m为抽采的最佳抽采期。在保护层开采的最佳抽采期内,必须强化瓦斯抽采。

9. 被保护层工作面的布置必须完全处于被保护范围内。

10. 开采保护层时,同时抽采被保护层瓦斯,必须编制卸压瓦斯抽采设计,抽采钻孔间距按被保护层卸压后的抽采半径设计,金岭煤矿钻场走向间距不大于13 m,倾向钻孔终孔间距不大于28 m。

11. 因特殊情况保护层留设煤柱时,被保护层未受保护区域采掘前,必须采取水力冲孔卸压增透措施,预抽煤层瓦斯。

12. 采用煤层残余瓦斯含量、压力指标进行保护效果检验,瓦斯含量、压力测试点的布置与其他区域防突措施效果检验相同。

13. 一$_7$煤层开采时,如果开采高度达不到1.0 m,必须破底推进,确保保护层开采顶板的垮落高度。

14. 每一个保护层工作面的下平巷必须实施沿空留巷,作为下一区段工作面的上平巷,减少保护层工作面的掘进准备周期和投入费用。

15. 保护层工作面实施"一面三巷"式布置,工作面布置分成上、下两段,上、下段生产作业和准备错班进行,以提高工作面安全系数。

16. 保护层工作面采用"两进一回"的通风方法,工作面中巷和下巷进风、上巷回风,确保工作面的通风系统稳定可靠。

17. 保护层工作面的顶板管理采用缓慢下沉法,工作面的支护密度、支护强度必须经过计算,确保支护强度满足安全生产的需要。

18. 在正常生产期间,工作面排距为 1.0 m,柱距为 0.9 m,采用"四五排控顶、见四回一"控制顶板。

19. 工作面特殊支护。

(1)丛柱:工作面开始推进时,在工作面沿切顶线方向每隔 3～5 m 加打一组丛柱。在对柱的上、下方加打 6 根支柱形成丛柱,每组丛柱共 8 根支柱。

(2)密集柱:工作面开始回采时,为增加工作面的支护强度,在舍帮排两丛柱之间每隔 0.2 m 加一根支柱形成密集柱。

20. 在工作面上、中、下巷加打超前支护,柱距 1 m,20 m 范围内打双排柱进行支护,行人通道宽度不小于 0.8 m,高度不低于 1.6 m,上帮必要时用荆片及荆棍闭帮,所加打支柱上必须备有木楔,单体液压支柱初撑力不低于 90 kN,所有单体柱必须挂上防倒绳。

21. 在工作面上、中、下巷老塘侧,沿倾向在靠近老塘最后一排加打密集柱,排距 0.2 m,以此作为防止人员误入的箅子,并且挂上"严禁入内"的警示牌。采面安全出口高度不得低于 0.8 m。

22. 工作面初采初放时的支护质量动态监测,工作面上下端头及上下巷超前支护范围内单体液压支柱初撑力和工作阻力观测以及正常回采时的支护质量动态监测。

23. 矿压观测方法:

(1)初采初放期间要求每班支柱工对工作面支柱的初撑力及工作阻力进行观测,矿压观测每 15 m 设一个观测点,要求从煤壁到老塘支柱全部观测,每班必须按测点检测支柱的初撑力和活柱下缩量,正规观测每班一次。

(2)支柱工每班必须按要求对工作面进行矿压观测,报表经安全员现场签字后及时交到生产科,生产科及时转交给初放负责人。

(3)用标记法测量活柱下缩量,根据循环的次数,可算出循环下缩量和下缩速度。

（4）观测数据必须真实可靠，数据汇总后，矿压负责人要及时把观测数据进行处理、分析。

（5）所有监测数据由技术员负责做好存档，以便查阅。

24．保护层工作面若采用单体柱支护工艺时，必须采用"四五"排控顶，工作面达到最大控顶距时，确保有四排支护空间，人行道和机道必须分开，人员严禁从机道内行走或攀爬。

25．工作面每隔 10 m 必须设置倾斜方向的防护栏，严防矸石、煤块滚落伤人。

26．工作面人员进行打眼、装药和支护等作业时，必须分段进行，一次分段距离不得超过 10 m，并分段设置防护栏。每一分段作业人员严禁相互干扰，施工期间的工具、材料、物品等必须可靠固定，不得滚落伤人。

27．根据一$_7$煤层开采经验，保护层工作面的周期来压步距一般为 15～20 m，周期来压期间必须加强顶板管理，单体柱及时循环注液，失效柱、损坏的支柱及时更换，卸载柱必须及时补液到位，切顶排必须每班测定单体柱的工作阻力，确保单体柱的工作阻力符合作业规程的规定。

28．保护层工作面开采期间，爆破作业必须通知临近 100 m 范围内的二$_1$煤层采掘修等作业，接到通知的作业地点必须停止作业，撤离到规程制定的安全地点，严防保护层爆破作业震动诱导被保护层工作面突出。

29．任何保护层工作面的开采，都必须要进行矿压、瓦斯参数的测定，每个保护层工作面的开采必须有采后总结，对开采过程中存在的问题、解决的办法、未解决的处置意见等，必须进行分析总结，并移交到生产技术部门，经总工程师审核签字，为被保护层的抽采、评判、安全回采提供可靠的基础资料。

30．保护层工作面开采的保护煤量，不能视为安全煤量，必须经过抽采达标和消突评判后，方可认定被保护层工作面是否消突、能否采掘。

31．每个保护层工作面在开采前，必须编制专项开采设计，保护层开采设计必须与被保护层瓦斯抽采同步设计、同步施工、同步验收、同步评判。开采设计的内容必须包括保护层工作面的位置、预想控制被保护层的范围、保护层开采时间、瓦斯抽采范围、抽采时间、保护煤量、抽采煤量等数据。

32．保护层开采过程中，被保护层未经评判时，被保护层的瓦斯参数必须认定为原始数据,只有经过评判后,瓦斯地质图方可根据评判、验证的数据进行修编。

33. 保护层开采过程中,如遇地质构造或其他原因,导致开采高度与设计高度出现偏差时,必须经矿长、总工程师同意,必须在瓦斯地质图中明确位置,并及时采取相应的安全技术措施确保被保护层治理的效果。

34. 保护层工作面推进前,抽采钻孔必须超前于保护层工作面 50 m 布置到位,严防保护层开采造成层间岩层破碎无法施工钻孔。

35. 保护层工作面推进过程中,必须对瓦斯抽采巷道进行维护,避免保护层开采扰动造成抽采巷道、钻孔漏气,影响瓦斯抽采效果。

36. 保护层工作面的风量必须符合实际情况,既不能造成炮烟、煤尘、CO 以及瓦斯稀释不及时,同时也应避免风量过大造成保护层工作面煤尘飞扬。

37. 保护层工作面可根据实际情况,探讨上巷预留尾巷实现 Y 型通风的问题,提高保护层工作面的空气质量,避免职业危害。

38. 保护层工作面、底抽巷及被保护层工作面应探讨联合布置的方案,避免巷道工程重复和浪费。

39. 在实际开采过程中,可探讨利用保护层工作面上、中、下平巷,实施大功率钻机中深钻孔以孔代巷技术,减少底抽巷掘进治理的成本及周期。

附录五　瓦斯抽采管理

一、瓦斯抽采系统管理

1. 各地点抽采管路按标准铺设,不得与电缆物体接触,吊挂整齐牢固,管路严密不漏气。

2. 定期检查瓦斯抽采管路系统,发现漏气、积水、堵塞等问题要及时汇报进行处理,对于影响其他地点抽采的要请示调度室后方可进行处理,确保抽采效果。

3. 泵站司机每小时对各项参数进行观察和记录,每月底交机电科归档,发现异常及时向机电科、防突科、调度室汇报。

4. 防突科抽采技术人员,每天计算抽采瓦斯参数,并按照要求编制日报表及台账,按照要求进行归档。

5. 生产单位应注意保护好瓦斯管路,严禁碰撞或人为破坏,一旦发现损坏,及时汇报矿调度室、防突科,并通知相关单位采取措施处理。若人为破坏,两倍处罚并追究责任人。

6. 瓦斯抽采泵司机经培训合格后持证上岗,并严格实行现场交接班制度。

7. 安装队要保证移动泵清水管路正常供水,以确保泵体正常运转。

8. 泵站内应配备防火沙箱和两台灭火器等消防器材。

9. 瓦斯抽采泵司机严格按瓦斯抽采泵操作规程规范操作。

10. 负压达到或超过 0.08 MPa 时,必须立即查明原因并进行处理。

11. 瓦斯管路不得与带电物体接触并防止砸坏管路。

12. 泵站必须配备 10％和 100％便携式光学甲烷检测仪各一台。

二、瓦斯抽采设备检查管理

1. 瓦斯抽采泵司机负责泵的停、开和日常维护管理及参数的调整、记录工作,并定时向矿调度室汇报。

2. 开泵前检查泵站各种仪器、仪表、阀门是否齐全完好,灵敏可靠。

3. 每班检查瓦斯抽采泵底角螺丝是否松动,各种连接螺丝以及防护罩是否牢固。

4. 每班开泵前要检查电动机的转动和连接部位,使其符合泵的正常运行要求。

5. 每班检查泵进、出气侧的安全装置,要求保证完好;要保证水位达到规定要求。

6. 每月检查一次清水水质,要保证水质符合要求。

7. 每月由机电科人员对瓦斯抽采泵进行一次全面检查,机电科保存记录。

三、瓦斯抽采泵停运联系管理

1. 瓦斯抽采泵停止运转必须汇报机电科及调度室。

2. 瓦斯泵正常运转期间,严禁随意停泵,如遇机械事故或水量水压不足时,则应立即停泵向矿调度室汇报并做好记录。

四、瓦斯抽采管路吊挂管理

1. 瓦斯抽采管路敷设的原则。

（1）布置瓦斯抽采管路时，应根据井下巷道布置、抽采地点分布、瓦斯抽采泵站的位置以及矿井的发展等因素确定，尽量避免或减少主干管路系统频繁改动。

（2）瓦斯抽采管路应敷设在曲线段最少，距离最短的巷道。

（3）瓦斯抽采管路一般应在回风巷道敷设，如设在运输巷道内，应将管路架设一定高度并加以固定，防止机车或矿车碰坏管子。

（4）所布置的抽采设备或管路一旦发生故障，管路内瓦斯不至于流入采掘工作面和井下其他作业场所。

（5）管路布置应考虑到运输、安装、维修和日常检查方便。

2. 瓦斯抽采管路敷设标准。

（1）抽采管路必须吊挂平直；每根抽采管使用包箍配合链子吊挂，吊挂点间距不大于5 m；管路的吊挂高度距地面不得低于0.3 m，若设在人行道侧其吊挂高度不低于1.8 m。

（2）抽采钻场、管路拐弯、低洼处及沿管路适当距离应设置放水器，加放水器前必须事先在抽采管路上安装相配套的三通。放水器每班至少放水一次，水量较大或特殊地点随时进行放水，确保抽采管路不因水多造成堵塞（放水器中的水超过2/3，视为放水不及时），放水器要挂牌管理，明确责任人。

（3）在抽采管路的中间位置应设置除渣装置，在管路的入口里侧设置参数测定装置，另安装一道三通除尘网。

（4）在巷道的入口处、向里每间隔300 m处加设控制蝶阀，蝶阀规格应与安装地点的管径相匹配。蝶阀必须挂牌管理，明确责任人。

（5）抽采管路每班要有专人负责管理，定期进行检查，不得漏气。

（6）抽采管螺栓必须配备齐全，螺栓的丝母必须设置在风流下风侧并涂油防锈。

（7）抽采管路上严禁放置任何物料及设备。

（8）抽采材料、设备必须分类码放，挂牌管理，明确责任人，不得乱扔乱放或损坏，不经批准不得挪作他用。

3. 放水器的安装要求。

瓦斯抽采管路敷设必须能满足排除积水的要求。抽采钻场、管道低洼、拐弯、坡度突变处及沿管路适当距离应设置放水器。

4. 其他要求。

（1）井下抽采管路布置应尽量选择通过交叉口少、距离短、曲线少的巷道内。

（2）抽采管路系统应沿回风巷或矿车不经常通过的巷道布置；管路敷设要做到"平、直、牢"。在运输巷中敷设时，应吊挂于巷道帮上，抽采管件的外缘距离巷道壁不宜小于 0.1 m。所有抽采管路不得与电缆等带电物体接触，保证抽采管与带电物体的间距大于 300 mm。

（3）所布置的抽采设备或管路一旦发生故障，管路内瓦斯不得流入采、掘工作面和井下硐室。

（4）抽采管路系统中必须安装调节、控制、测定抽采参数装置。

（5）管路吊挂要用包箍配合链子吊挂，吊挂部位必须受力均匀，不出现受力不均或不受力的现象。

（6）管路敷设时阀门方向要一致，阀门手轮不易碰人，管路阀门及接头定期做防腐处理，无锈蚀、灰层；管接头、阀门无漏气。

（7）管路安装完毕后，刷漆编号喷字，采用喷红漆白字。

（8）瓦斯抽采干管的每一分支都应设置全通隔离阀，以便维修和支管拆除或延伸。

（9）在各干管或支管上要安装自动计量装置或孔板计量装置。

五、打钻、抽采、效果检验造假举报管理

1. 任何人都有举报打钻、抽采、效果检验、验证造假的权利和义务。

2. 接受举报的单位和个人要对举报人信息进行保密，不得有任何泄露。否则根据情况对责任人进行处罚。

3. 举报情况经核实属实对举报人进行 500～1 000 元的奖励。

4. 举报人对举报信息负责,不得举报虚假信息。否则将根据实际情况对举报人进行处罚。

5. 举报电话防突科:0371-56555693;安全科:0371-56555506。

6. 对于举报信息安全科、防突科要及时向矿领导汇报,并组织有关人员和科室进行核实、处理。

六、瓦斯抽采钻场钻孔管理

1. 瓦斯抽采钻场钻孔的施工。

(1)抽采队对钻孔的开孔位置、方位、倾角,对钻孔深度、封孔长度、封孔质量,钻孔施工过程负责。打钻人员开孔时必须拉尺上线,钻具带扶正器定向施工确保终孔位置不偏移。瓦斯检查工或安全检查工巡查监督对不按设计和要求施工的作报废孔,对责任钻工罚款50元。

(2)钻孔施工现场必须悬挂经审查签字的设计图牌板,否则不得施工,发现一次未悬挂经审查签字的设计图牌板进行施工,罚款50元。

(3)钻孔深度必须达到设计要求,若遇特殊情况确实达不到设计要求的,必须经矿总工程师同意,并根据该钻孔对抽采效果的影响程度确定是否采取补充措施,发现一次达不到设计要求,未经矿总工程师同意擅自拆钻情况,一经查实,该钻孔作为废孔,同时罚抽采队100元。

(4)施工地点的施钻负责人必须携带钻孔记录、钢卷尺、坡度规等测量工具。开钻时必须掌握好孔间距、倾角、方位方能开钻。钻进过程中施钻人员必须记录好过煤岩、喷孔等钻孔信息,否则查出缺项按废孔处理。

(5)每个钻场施工完毕经验收合格后应进行封孔并接抽。抽采支管设流量检测装置、钻场必须设流量检测孔,一个支管未设流量调节闸门和检测孔的,罚50元。

(6)封孔深度岩孔不得低于15 m,浅孔封到煤层底板。封孔深度达不到要求的,该孔按废孔处理。

2. 瓦斯抽采钻场钻孔的验收。

(1)钻孔施工必须做到真实有效,严禁弄虚作假,虚报进尺。若有弄虚作假,虚报进尺者,一经查实,一律开除矿籍。

（2）每个钻孔施钻结束前,抽采钻孔每成一孔,由现场打钻负责人通知当班瓦斯检查工或安全检查工现场进行验收,验收以实际退出钻杆数量为准,不得弄虚作假,并按钻孔编号履行签字手续;单据由本单位保存。若发现徇私舞弊或串通作假者,一律开除矿籍。找不到瓦斯检查工或安全检查工时,及时向防突科汇报,由防突科安排专人进行验收。

（3）瓦斯检查工或安全检查工验收钻孔时,必须确认钻孔是否按照设计施工(钻孔方位和倾角误差不得超过±1°,开孔高度误差不得超过±0.3 m),凡是不按照设计施工的钻孔,一律不予验收,否则每发现一次罚瓦斯检查工或安全检查工 200 元。

（4）因塌孔、喷孔等原因不能按设计要求施工到位的钻孔,必须经总工程师同意,按设计补孔后方可拆钻,否则,一律作为报废孔处理。

（5）钻孔的方位角和倾角由防突科不定期进行抽查,角度误差不超过±1°,每发现一个孔罚款 50 元。

七、瓦斯抽采管理和考核奖惩管理

1. 瓦斯抽采考核制度。

（1）根据年度下达瓦斯抽采利用量计划,防突科根据计划制计瓦斯抽采利用月度计划。完不成月度计划的根据考核办法进行处罚,并在安全生产标准化考核中扣分。

（2）积极开展瓦斯区域治理措施,做到"不采突出面,不掘突出头",严格按照《防治煤与瓦斯突出规定》第五十一条至第五十六条进行区域措施效果检验和验证,凡是效果检验不符合要求的,视为抽采不达标。

（3）工作面进行采掘活动前必须按照抽采效果评价体系进行抽采效果评价,评价报告和试验报告(瓦斯含量或瓦斯压力)报相关部门批准后,方可生产。抽采指标达不到要求的一律不准施工,私自组织生产的对相关人员罚款10 000元。

（4）抽采系统不完善,各种计量装置安装不到位,传感器校检不及时的不予考核。

（5）严格抽采计量考核,瓦斯抽采系统浓度低于10％的抽采量不计入抽采完成指标。

（6）瓦斯抽采工要依据施工设计及施工措施要求施工，钻孔的角度、方位、深度必须符合要求，否则发现一次罚款 50 元。

（7）钻机要安设牢固，钻孔、卡制器、动力头必须在一条直线上，否则发现一次罚款 100 元。

（8）对有假钻孔、假抽采、假计量的，经查出后取消考核，并对责任人进行 2 000～5 000 元罚款。

（9）每季度对矿井抽采计划完成情况进行考核，对超额完成抽采计划的要进行重奖，对完不成抽采计划的要进行对等罚款。

（10）奖罚：对完成月度抽采量计划的，对瓦斯抽采人员进行奖励。每抽出 1 m³ 瓦斯奖励 0.01 元，奖励计算公式：奖金额＝计划抽采量（m³）×0.01（元）；没完成抽采量计划的按所欠任务量每立方米 0.05 元罚款。

瓦斯抽采利用奖金的分配：对瓦斯抽采利用有贡献的人，其中奖金总额的 40％用于中层以上瓦斯抽采相关人员奖励，60％用于基层瓦斯抽采相关人员奖励。

2. 抽采管路、钻孔封孔管理考核制度。

（1）抽采队现在采用的封孔工艺是采用合格矿用树脂材料和水泥联合封孔技术；采用"一堵一注"封孔方式，护孔管采用壁厚不小于 3.6 mm、抗压强度不小于 1.2 MPa 的双抗管，要求封孔管尽量下至煤层底板处，孔口段采用不少于 2 m 铁管，与铁管连接的是 ϕ40 mm PVC 平管，孔内里段使用管壁带有筛孔的花管，花管前段应用窗纱或铁丝网包住，以防碴石堵塞管路，管路花管和平管总的长度应与钻孔见煤深度大致相同；孔口堵孔采用聚氨酯堵孔，该段长度为 1 m 左右；注浆段采用水泥砂浆，注浆封孔段长度深孔为 15 m，浅孔封至煤层底板。注浆时以封孔管出浆为宜，保证足够的封孔长度。

在使用聚氨酯时，首先应将 A、B 料按比例搅拌均匀后将其倒入事先已准备好的塑料袋内，然后迅速将塑料袋的孔口扎紧，将其放入钻孔内，待其反应体积膨胀后，方可注浆。

鉴于对封孔质量的高度要求，对封孔有以下要求：

① 打好的钻孔在封孔前一定要将从孔口起 8 m 内的孔壁用水冲洗干净。

② 用来封孔的塑料布筒质量要好,以防漏液。

③ 用来压塑料袋的棉纱一定要压紧,以防漏液。

④ 用来封孔的聚氨酯 A、B 料一定要质量好,封孔时一定要尽量快速,在规定时间内将钢管塞入孔内,以防聚氨酯反应后再塞入钢管,就失去聚氨酯应有的作用。

⑤ 封孔负责人要认真负责,做好封孔记录,如若发现一个孔封孔质量达不到要求的,将对负责人进行处罚。

⑥ 在封孔中,如果该孔孔深不深,封孔时封孔管应尽量下至煤层底板,如果是深孔,在封孔时封孔管应不低于 15 m。

⑦ 以上要求须严格遵守,防突科人员或队内管理人员将对所封孔进行不定期抽查。

(2) 抽采管路在铺设时必须吊挂平直,离地面高度不小于 0.3 m,拐弯处加偏扣垫或弯头,接口要上紧,保证所有的管路对接严密不漏气,每隔一定距离或坡度起伏变化处留有放水三通,以便在管路发生积水及有杂物堵塞时便于清理。否则发现一处罚款 50 元。

(3) 管路铺设时每根管路要有一个吊挂点,保持平、直、稳;斜井安装时每隔 30~50 m 安装一个拉线以防管子下移;否则少一个罚款 50 元。

(4) 定期对各种管路进行检查,是否漏气和漏水、有无腐层、阀门是否灵活,并有记录可查,检查一次无记录罚款 50 元。

(5) 管路更换时,应提前做好计划,做好充分准备方可换掉,更换的管路要与原来的规格质量一致。

(6) 各地点抽采管子及时掐接回收,挂牌管理,码放整齐;及时回收拆除旧的、不用的各种管道封孔设备,不能长时间闲置在井下,否则发现一处罚款 50 元。

(7) 封孔要严格做到水放净、管到底、孔封严,瓦斯钻孔封堵及连接必须严密不漏气。

(8) 严格按封孔质量标准要求施工,不得随意改变封孔工艺,若需改变必须经防突副矿长或总工程师批复。

八、瓦斯抽采达标管理和考核奖惩管理

1. 瓦斯抽采工程必须有施工设计。施工设计必须有相关的工程量介绍、图纸设计、钻孔参数表、预期抽采效果等内容并经总工程师批准，没有施工设计的对责任人罚 100 元，内容不齐全的每少一项对责任人罚 20 元。

2. 抽采监测仪表齐全，定期校正，保证完好，发现一台仪表不定期效验罚 20 元，缺少一台仪器仪表对责任单位罚款 20 元。

3. 正常情况下每个抽采钻场施工完毕后，必须及时封孔，超前工作面两个钻场联网抽采，若发现联网不及时而影响正常抽采的，对抽采队罚款 500 元/次。

4. 每个抽采地点的抽采管路必须按要求安装抽采检测装置（孔板流量计），并由抽采队测流人员负责进行抽采参数测定。不按要求安装孔板流量计，安装不符合规定的对抽采队罚款 100 元。抽采参数测量人员不按要求及时测量抽采参数的，对责任人罚款 50 元/次，发现测量人员弄虚作假者加倍处罚。

5. 抽采队要经常对抽采系统进行巡回检查，发现钻孔封孔不合格时必须及时进行处理，由业务主管部门检查出的上述问题要明确整改标准及要求完成时间，施工单位逾期不处理又无反馈意见的，对单位负责人罚款 300 元/次。

6. 为了保证瓦斯整体抽采效果，随着工作面回采，不需要抽采的钻孔必须及时拆除，若拆除不及时或过早拆除而影响抽采效果的，对责任区队罚款 20 元/孔。

7. 巷道内铺设抽采管路要达到平、稳、直，每节抽采管子必须设置不少于一个支点进行吊挂，支点必须用卡箍固定，距底 0.3～0.5 m，用钢丝绳吊挂的，必须加皮垫。不按要求敷设者，除负责按规定整改外，同时对抽采队罚款 20 元/处。

8. 抽采管路必须构件一致、齐全，严禁出现漏气现象，每发现一处漏气罚款 20 元，发现一处构件不一致（或不齐全）罚款 10 元/处。

9. 抽采管路必须及时敷设，若在抽采钻孔施工后需要联网抽采时仍没有将抽采管子敷设到位，每影响一班，对抽采队罚款 500 元。

10. 为了防止抽采管路积水而增加管道载荷和阻力，规定在所有抽采管路中低洼（或容易出现积水）处合理设置放水装置，若没有设置放水装置，造成主

管路积水而影响抽采效果者罚款 100 元/处,不按要求及时整改的加倍处罚。

11. 抽采管子(分支)拆除后三通处必须用挡板堵严,若出现封堵不严造成漏气者,除负责及时处理外,同时对抽采队罚款 50 元/处。

12. 拆除的抽采钻孔必须及时采用木塞进行封孔,不按要求进行封孔(或封孔不严)造成钻孔涌出瓦斯引起瓦斯超限或钻孔漏气影响抽采效果的,对抽采队罚款 100 元/孔,同时负责及时处理。

13. 抽采泵站必须按规定(每小时测定一次)测定流量、负压、瓦斯浓度等参数,如实计算填写瓦斯抽采记录,发现未按规定时间测定者,对测试人员罚款 50 元/项(处),发现弄虚作假的,罚款 20 元/次。

14. 抽采参数测试报表及抽采泵站内抽采参数记录表,内容必须齐全,单位统一,格式美观,并按要求规范填写,不得缺项或出现填写、计算错误,否则,视情节轻重对负责人罚款 5~20 元/次。

15. 严禁私自停开抽采泵,需要停抽采泵时必须向调度室汇报,经总工程师同意后方可停泵,调度室必须有记录可查,否则对责任人罚款 20 元/次。

16. 对于需要进行抽采的采掘工作面,不进行抽采而进行施工的,对施工单位罚款 50 000 元,对生产技术部门罚款 10 000 元。

17. 损坏抽采管路由安全管理部负责组织分析,同时对责任人罚款 100 元,对责任单位罚款 500 元,由责任单位赔偿管路材料费用。性质严重的,直接开除。

18. 打钻人员必须按照操作规程作业。钻机推进压力均匀。因操作不当造成钻机或零部件损坏、丢失钻杆钻头,要分析处理,并按责任进行处罚、赔偿。

19. 抽采队要加强钻机的维修保养,保证钻机的完好可靠。如果检修质量不好,钻机带病工作,影响打钻的,对抽采队罚款 100 元/次。

20. 抽采队根据钻机使用情况提前造出配件计划,经相关部门审批后,送达供应科,否则对抽采队罚款 200 元/件。配件采购不及时影响打钻的对供应科罚款 1 000 元/件。

21. 瓦斯抽采泵站必须悬挂瓦斯监测探头并与监测系统联网,报警点、断电点均为大于等于 0.5%,不符合规定要求的,对抽采队罚款 50 元/项。

22. 抽采泵必须做到一用一备,进气管内都必须安装孔板流量计和抽采参数自动监控装置,设备开停传感器和放水器,否则,对责任人罚款50元/项。

23. 泵站内必须悬挂抽采泵司机岗位责任制,操作规程等管理制度,配备泵站抽采参数(包括负压、温度、瓦斯抽采浓度、压差、抽采量)记录本,每小时测定一次有关参数并记录在案,否则,对责任人罚款50元/项。

24. 要加强对抽采泵的检查维修和保养,及时加注润滑油,定时放水,每个月进行一次检修除垢,每年进行一次大修,否则,对抽采队罚款100元/次。

25. 抽采队每班必须派专人检查及维修抽采泵,且抽采泵司机严格履行巡回检查制度,否则,对抽采队罚款100元,对责任人罚款20元/次。

26. 检修抽采泵如需停泵时,必须汇报防突科、调度室,经矿总工程师同意后,制定相关安全措施方可停泵检修,否则,罚款200元。

27. 抽采泵检修应有记录可查,且记录齐全、清晰,否则,对检修人员和检修组长罚款100元/次,对责任人罚款20元/次。

28. 抽采泵运行须保证平稳、可靠,严禁带病运行,如发现异常情况,应立即停泵检修,否则,罚款200元/次。

29. 抽采泵检修必须制定相关措施,且抽采泵保证一台检修一台备用,以保证抽采的连续性,否则,罚款100元。

30. 抽采泵站司机违章操作,每次对司机罚款30元。

31. 抽采泵司机不在现场交接班,每次对司机罚款20元,对值班队长罚款100元。

九、抽采工程检查验收管理

1. 业务划分。

(1)本规定所指抽采工程包括:抽采钻孔、测压钻孔、测含量钻孔、探煤、探地质构造钻孔等。

(2)抽采钻孔、测压钻孔、测瓦斯含量钻孔由防突科组织验收;探煤钻孔、探地质构造钻孔由地测科负责下发打钻设计,并负责组织验收。

2. 验收责任人。

班组长(钻工)、瓦斯检查工或安全检查工是钻孔验收的直接责任人。

3. 检查验收管理规定。

（1）地质钻孔即将打完时，由当班打钻人员根据钻孔类型不同，向主管汇报，由业务主管部门根据需要不定时组织抽查验收。

（2）探测钻孔和抽采钻孔每个孔成孔时必须向当班瓦斯检查工或安全检查工汇报，打钻人员必须如实记录开钻时间、钻孔施工结束时间及揭露煤（岩）、瓦斯、涌水等情况，遇特殊情况时，现场打钻人员必须及时汇报。

（3）抽采钻孔每成一孔，由现场打钻人员通知当班瓦斯检查工或安全检查工现场进行验收，验收以实际退出钻杆数量为准，不得弄虚作假。找不到瓦斯检查工或安全检查工时，及时向防突科汇报，由防突科安排专人验收。

（4）班组长（打钻工）是当班钻孔施工质量的直接责任人，瓦斯检查工或安全检查工对钻孔真实性负监督和检查责任，必须按规定对钻孔进行验收和签字。

（5）所有打钻地点必须有现场打钻记录、量具（钢卷尺、坡度尺、线绳等）和验收单，无相关记录的钻孔，视为无效钻孔，不予验收。

（6）根据钻孔设计要求，验收钻孔深度的同时要对钻孔方位、倾角等进行验收，并在验收单上必须逐项标注清楚。

（7）由于特殊原因打不够设计深度的钻孔及调孔、补孔等必须在验收单上注明开孔位置、钻孔施工深度、倾角等参数。

4. 处罚规定。

（1）不按设计施工钻孔的，对钻孔施工人员每孔罚款 100 元，钻孔按报废钻孔处理。

（2）班组长（打钻工）、瓦斯检查工或安全检查工对钻孔验收不负责，弄虚作假，经钻孔抽查验收领导小组核实后，对班组长（打钻工）、瓦斯检查工或安全检查工一律给予辞退处理。

（3）发现瓦斯检查工或安全检查工不在现场验收而随便签字的，直接给予辞退处理；施工队不经验收代签字记录的，一律开除。钻孔打成后未经验收或没有通知业务部门而退出钻杆的，本孔进尺作废。

（4）打钻地点没有现场打钻记录、量具（钢卷尺、坡度尺、线绳等）和验收单的，对当班责任人罚款 50 元。

（5）当班班组长、瓦斯检查工或安全检查工要及时了解打钻情况，打钻人员也必须及时告知打钻进度,以便钻孔打成后及时验收。原则上钻孔打成后必须立即进行验收。

(6)钻孔验收单由当班打钻负责人负责升井后根据钻孔类型不同,分别送达防突科或地测科存档,每迟送一班对其罚款20元。

(7)钻孔抽查验收领导小组根据需要临时通知小组成员参加验收时,对无故不参加的每次罚款50元。

(8)现场验收结果与验收领导小组抽查结果不符的,追究班组长(打钻工)、瓦斯检查工或安全检查工的责任。验收人员对验收结果有异议时,由打钻验收领导小组裁定。

十、抽采技术档案管理

1. 抽采系统图每月更新一次,由抽采队技术员负责,要求绘图详细、真实,经会签后由防突科负责存档备查。

2. 抽采报表每周、旬、月编制一次,由抽采队技术员负责,详细记录抽采地点及生产情况、风排瓦斯量、抽采瓦斯量及备注说明,由防突科存档负责存档备查。

3. 抽采月报每月3号前送至豫联煤业通防部存档。

4. 地面与井下抽采计量记录由防突科分类建立存档备查,详细记录地面与井下各主干管路的负压、浓度、流量、抽采泵站温度、抽采泵站瓦斯浓度、责任人及备注说明。

5. 地面与井下流量测定记录由抽采队分类建立存档,详细记录地面与井下各主干管路的负压、浓度、流量、纯量、责任人及备注说明。

6. 抽采管路系统每10 d巡查一次,并建立巡查记录,由抽采队技术员负责存档备查。

7. 抽采泵站建立瓦斯抽采记录、抽采泵维修记录、电气设备维修记录,由机电科负责做好记录。

8. 以上存档必须认真保存,不得出现缺少或丢失。

十一、先抽后采例会管理

根据《煤矿瓦斯抽采达标暂行规定》第九条:"煤矿企业应当建立瓦斯抽采

达标工作体系,制定矿井瓦斯抽采达标评判细则,建立瓦斯抽采管理和考核奖励制度、抽采工程检查验收制度、先抽后采例会制度、技术档案管理制度等"的规定,结合金岭煤矿瓦斯抽采工作实际,特制定"先抽后采例会制度"。

1. 参会人员。

矿领导:矿长 总工程师 生产副矿长 防突副矿长

机电副矿长 安全副矿长 后勤副矿长

科 室:防突科 通风科 地测科 安全科 生产科

技术科 供应科 财务科 机电科 调度室

区 队:抽采队

需其他领导或部门参加时,由防突科另行通知。

2. 会议时间、地点及通知方式。

(1)会议时间

为保证瓦斯抽采专业例会实效性,真正起到指导采掘安全生产作用,确保抽采效果达标,先抽后采例会与防突专项研究会议合为一会在每月 22 日 15:00 召开。

(2)会议地点

调度楼会议室。

(3)会议通知方式

防突抽采专项例会正常情况下在确定的时间召开,特殊情况下不能按期召开时由防突科负责以电话形式进行通知,相关人员必须准时参加会议。

3. 会议议程。

(1)相关科室及区队务必于每月 21 日中午 12:00 前将需汇报内容(含电子版)以系统为单位经分管矿领导签字后报防突科进行统一汇总后提交会议研究。

汇报主要内容:瓦斯抽采方面所需人力、资金投入、现场管理、技术管理、设备材料管理、部门及区队之间工作配合、与瓦斯抽采有关的工程进度、瓦斯抽采效果达标进展程度对采掘接替的影响等方面存在问题及合理化建议等。

(2)由防突科通报上月度瓦斯抽采专业例会安排布置工作的落实完成情况,当月瓦斯抽采任务完成情况,抽采方面存在的主要问题、瓦斯抽采技措费用使用情况,安排下月度瓦斯抽采重点工作。

(3)地测科负责通报地质异常采掘地点监控情况及下月计划采掘作业地点(开掘科负责提供)地质预测预报及对掘进的影响程度分析等。

(4)技术科负责汇报抽采工程设计、科研项目进展情况及所需资金等。

(5)针对各系统提交的问题和建议,由相关矿领导进行平衡协调解决,提出整改方案、完成时间,落实责任单位及负责人,并研究部署下一阶段瓦斯抽采重点工作。

(6)防突科负责做好防突抽采专项例会记录,并负责下发会议纪要,防突科针对防突抽采专业例会提出的问题按照"五定"原则建立专门台账,由安全科负责纳入闭环管理系统进行跟踪和落实。

4. 有关要求。

(1)会议实行签到制度,参会人员不得代签。与会人员必须按时参加瓦斯抽采专业例会,有事必须向矿长请假,迟到罚款20元,无故不参加会议的每次罚款100元,并在调度会上给予通报。

(2)相关系统因上报材料迟缓(以规定上报时间为限)而影响会议按时召开的对业务主管部室罚款200元,对负责人罚款20元。

(3)凡防突抽采专业例会安排布置的工作未按时整改落实的,对责任单位罚款200元/项,责任单位负责人罚款20元/项。

十二、交接班管理

1. 坚持8 h工作制,严格执行现场交接班制度。

2. 提前半小时接班,坚持接班人员不到交班人员不能走的制度,发现接班人员未到,交班人员离开者,扣掉当班工资,并给予20～50元罚款。

3. 履行交接班手续,钻进记录、钻杆总数要填写清楚,每个孔打到煤及打煤进尺及终孔进尺要由小班长亲自监督填写,发现一处报表进尺与孔内进尺不符合者停班检查并罚款100元。

4. 交班人员一定要把本班安全、瓦斯防突及钻机情况交代清楚,做到当班钻机出现问题不除不下班,问题不解决不下班,如果交班人员交坏钻机,不汇报,导致下班不能正常打钻者,给交班人员20～50元罚款。

5. 接班人员要严肃认真接班，做到口交口，手交手，认真了解上班情况，发现不认真接班者或充当好人，上班有问题不及时汇报者给予20～50元罚款。

十三、瓦斯抽采观测工管理

1. 测流工每天必须对井下抽采地点进行一次检查工作，发现一处没有检查者，罚款20元。

2. 测流工每天必须对井下主、支管的瓦斯浓度、负压、压差等情况以报表的形式汇报给有关领导，一次不汇报者罚款20元。

3. 井下所有地点的板报牌必须将孔号、坡度、浓度、预抽时间等抽采数据及时填写清楚，发现一处不符合规定的罚款20～50元。

4. 井下各抽采站的抽采情况每天都要掌握清楚，及时调整，使平地瓦斯泵站的浓度、正压能满足电厂发电需要，发现一次调整不到位的罚款20元。

5. 测流工每3 d对单个钻场，每6 d对单个孔瓦斯浓度、负压、压差等测量以报表的形式汇报给有关领导，一次不汇报者罚款20元。

6. 测流工必须坚持严格的请假制度，有事请假，不请假私自撬班的一次罚款50元。

十四、抽采泵站值班人员管理

1. 平地泵站流量、浓度出现故障不及时处理者一次罚款20元，不及时开泵者一次罚款20元。

2. 泵站记录必须整齐、字迹工整、填写规范，发现一处不合格罚款20元，每月上交一次，一次不上交者罚款20元。

3. 泵站发现一处卫生不合格罚款20元；各种仪表不及时校正，一次罚款20元。

4. 因抽采泵站抽采原因影响发电一次罚款20元。

5. 出勤工不低于26个，否则每少一个罚款20元，值班人员请假必须由队长批准，否则一次罚款20元。

6. 值班人员必须坚守岗位，发现一次脱岗者（或5 min内电话不接者），一次罚款20元，发现一次睡觉者，一次罚款50元，调度室查班人员查出一处问题罚款 30 元。

十五、抽采设备管理

1. 本队的机电设备进行打号,由跟班修理工包机管理。

2. 抽采巷的钻机的日常维修由当班修理工进行维修,发现有解决不了的问题及时汇报。

3. 包机人员要对所包的钻机的完好情况负责,包机设备一台不完好罚款 20 元,包机机电设备失爆每起罚款 100 元(电工),卫生差罚款 20 元。

4. 抽采队正、副队长要经常对钻机进行检查,发现一处缺螺丝或漏油者,罚包机人 20 元。

5. 若钻机出现大问题由总修理工及时下井进行维修。

十六、打钻进尺报表管理

1. 当班班长要对当班的进尺情况负责。

2. 打钻人员每打一杆要记一杆,最后将当班的进尺总数填写在进尺报表上,填写两份,一份交给当班班长,由当班班长第二天领活时汇报,一份随钻机留在井下,若发现有弄虚作假多填、少填进尺者给予 100 元罚款,并停班检查。

3. 如果打到煤或软岩时,要停止钻进,退杆,换成 PDC 钻头用压风排粉钻进,要由当班钻工亲自操作,慢打慢进,来回进退,尽量把粉排干净,尽量避免钻孔喷孔,见煤进尺、煤厚及终孔进尺要由当班钻工填写,并由当班班长将填好的报表在第二天送活会上交给队长。如果发现有数据填写不准确者给予 20 元罚款,发现有弄虚作假多填或少填进尺者给予 100 元罚款,并停班检查。

4. 打成孔后要缓慢地将钻杆退出,退钻杆时要将水开大,以防钻杆被卡住,待钻杆退出后将钻孔临时封住以防瓦斯涌出。